Hajo Neu, Jochen Breitwieser

Public Relations

Die besten Tricks der Medienprofis

BusinessVillage
Update your Knowledge!

Hajo Neu; Jochen Breitwieser

Public Relations

Die besten Tricks der Medienprofis

Göttingen: BusinessVillage, 2005

ISBN: 978-3-938358-17-7

© BusinessVillage GmbH, Göttingen

Bezugs- und Verlagsanschrift

BusinessVillage GmbH

Reinhäuser Landstraße 22

37083 Göttingen

Telefon: +49 (0)5 51 20 99-1 00
Fax: +49 (0)5 51 20 99-1 05
E-Mail: info@businessvillage.de
Web: www.businessvillage.de

Layout und Satz

Sabine Kempke

Bestellnummern

PDF-eBook Bestellnummer EB-653

Druckausgabe Bestellnummer PB-653

ISBN: 978-3-938358-17-7

4. „Gag as gag can" – Was PR mit Kult und Markenbildung zu tun hat 63

5. Krisen-PR und schmutzige Tricks – Wie Sie schweres Wetter durchschiffen und Riffe umfahren 75

Über die Autoren

Hajo Neu ist Geschäftsführer von neu:kom, einer auf Technologie- und Entertainment-Themen spezialisierten Beratungsagentur in Heidelberg. Er hatte  mehrere Jahre eine Führungsposition beim PR-Network Euro RSCG ABC inne und arbeitete unter anderem in der Abteilung Presse- und Öffentlichkeitsarbeit des Europäischen Parlaments in Luxemburg und Straßburg.

Hajo Neu führte erfolgreiche Kampagnen in den Bereichen Corporate- und Product-Communications durch und arbeitete für Kunden wie Amazon, Grundig, Konami, Nintendo und Microsoft.

Er studierte Kommunikationswissenschaften und Jura (M.A.) in Berlin und Paris.

Kontaktdaten:

neu:kom
Hajo Neu
Technologiepark
Hans-Bunte-Straße 8–10
69123 Heidelberg

Telefon: (0 62 21) 7 39 03 90
Fax: (0 62 21) 7 39 03 99
E-Mail: neu@neu-kom.de

 **Jochen Breitwieser** ist Pressesprecher und Manager Public Relations von Callidus Software Inc. in San José, Kalifornien/USA. Im Jahr 2001 gründete er das deutsche Büro der internationalen High-Tech-PR-Agentur „The Hoffman Agency" in München und war dort Geschäftsführer. Anschließend zog er an den Hauptsitz der Agentur nach San Jose und arbeitete dort vier Jahre als Account Manager. In Deutschland sammelte Breitwieser PR-Erfahrung bei Euro RSCG ABC sowie bei Edelman.

Schwerpunkte seiner PR-Arbeit waren Kampagnen in den Bereichen Corporate-, IT-, Health- und Financial Communications für Kunden wie Lufthansa, Philips Semiconductors, Vodafone, Eli Lilly sowie American Express Bank.

Jochen Breitwieser studierte Geschichte, Jura und Politik (M.A.) in Frankfurt, Konstanz, Bochum und Tours/Frankreich.

Kontaktdaten:

Jochen Breitwieser
Callidus Software Inc.
160 West Santa Clara Street
San Jose, CA, 95113

Telefon: +1 (4 08) 5 80-42 91
E-Mail: jbreitwieser@gmail.com

Vorwort

Der amerikanische Schriftsteller Mark Twain arbeitete viele Jahre als Zeitungsredakteur. Morgens, bevor er zur Arbeit ging, wechselte er meist noch ein paar Worte mit seiner Haushälterin. Eines Tages sprachen die beiden über die anstehende Ernte, und Twain äußerte die Befürchtung, dass man in diesem Jahr mit schlechten Erträgen zu rechnen habe – eine Ansicht, der die Frau heftig widersprach. Twain verfasste daraufhin einen Artikel, in dem er schrieb, dass ein schlechter Herbst anstehe und die Farmer sich besser nicht allzu viel Hoffnung auf gut gefüllte Kornspeicher machen sollten. Als er sich am nächsten Tag wieder mit seiner Haushälterin unterhielt, sagte diese: „Sie hatten übrigens Recht, die Ernte wird schlecht. Heute stand es in der Zeitung."

Was geschrieben wird, wird geglaubt. Das mehr als hundert Jahre alte Beispiel von Mark Twain mag noch als Anekdote für die leichte Manipulierbarkeit seiner Mitmenschen durchgehen. In der Informationsgesellschaft, in der wir heute leben, ist Mediengläubigkeit längst zum harten, messbaren Erfolgsfaktor geworden. Über den Aufstieg und Niedergang von Marken, Produkten und Unternehmen entscheidet immer häufiger ein einziger Wert: das Image. Oder anders gesagt: die Meinung, die die Öffentlichkeit von diesen Marken, Produkten und Unternehmen hat.

Was hat den stärksten Einfluss auf die öffentliche Meinung? Sind es die großen, bunten Anzeigenstrecken in den meinungsbildenden Magazinen? Sind es teure Sponsoring-Kampagnen oder für viel Geld produzierte TV-Spots?

Mitnichten. Es sind die redaktionellen Inhalte in diesen Massenmedien – und damit diejenigen, welche die Massenmedien gestalten und mit Inhalten füllen. Auf den Punkt gebracht: Es sind Journalisten, die die Macht haben, heute ein Produkt hochzujubeln und zum Verkaufsschlager zu machen oder morgen ein Unternehmen runterzuschreiben und zu ruinieren.

Was geschrieben, gesendet und verbreitet wird, wird geglaubt – und davon, wie man Einfluss auf die Massenmedien nimmt, lebt ein ganzer Berufszweig. Public Relations ist über die Jahre eines der machtvollsten Marketinginstrumente geworden – wenn nicht sogar *das* machtvollste.

Aber wie funktioniert gute PR? Reicht es für den PR-Erfolg aus, lehrbuchgemäß verfasste Pressemitteilungen zu verschicken, Journalisten mit einem nett formulierten Schreiben auf eine Pressekonferenz einzuladen oder den Redakteur eines Magazins per E-Mail auf ein neues Produkt aufmerksam zu machen? Und darauf zu hoffen, die Medien mögen auf ein „wichtiges" Thema schon von alleine aufmerksam werden?

Tatsache ist: Journalisten sind nicht unabhängig – jedenfalls nicht unabhängiger als jeder normale Mensch. Und Menschen neigen dazu, emotional zu entscheiden und dies erst hinterher rational zu begründen. Das heißt: Auch Journalisten sind Stimmungen und Vorurteilen unterworfen und rücken nicht selten jene Storys ins Licht der Öffentlichkeit, die ihnen spontan zusagen. In der Zeitung und im Fernsehen tauchen dann nicht die Geschichten und Meldungen auf, die am „wichtigsten" sind, sondern jene, deren Urheber über die geschickteste PR-Strategie verfügen.

Daraus folgt: Erfolgreiche PR ist wie erfolgreicher Vertrieb. Sie fokussiert sich auf die Journalisten, die die Käufer der Storys sind. Für erfolgreiche PR braucht es Verhandlungsgeschick und Insiderwissen.

Tatsache ist: Was zählt, ist das Ergebnis. In den letzten Jahren hat sich in der PR ein gefährlicher Trend zur Theoretisierung entwickelt. Am grünen Marketing-Tisch entstehen uferlose PR-Konzepte und Kommunikationsstrategien, die die wahren Kommunikationsprobleme und -herausforderungen der Unternehmen nicht lösen – weil sie in der Praxis nicht umsetzbar sind.

Daraus folgt: Das Ergebnis von PR dürfen keine langwierigen Strategie-Papiere und komplizierten Markenbotschaften sein. Das Ergebnis von erfolgreicher PR ist das, was über die Menschen, Unternehmen und Produkte, in deren Dienst PR steht, in den Medien und der Öffentlichkeit zu lesen, zu sehen und zu hören ist.

Tatsache ist: Viel zu häufig sind Public Relations ein Anhängsel des Marketing. In dieser traurigen Realität beten die PR-Abteilungen das nach, was die Werber ihnen vorsetzen. Im schlimmsten Falle verwandeln PR-Leute die Produktbotschaften der Werbung in „Pressemitteilungen" und ruinieren systematisch ihre Beziehungen zu den Medien.

Daraus folgt: PR muss Chefsache sein, wenn sie gelingen soll. Anstatt inhaltlose „News" hinauszuposaunen, weil es die Marketingabteilung verlangt, muss erfolgreiche PR die Kommunikationsziele des Unternehmens mit der Nachfrage der Medien in Einklang bringen.

Dieses Buch wendet sich nicht an Einsteiger. Wie man eine Pressemitteilung formuliert oder einen Fachverteiler recherchiert, erfahren Sie anderswo. Dieses Buch richtet sich an PR-Entscheider, an Menschen, die in Unternehmen und Agenturen an vorderster Front stehen und für Präsenz in den Medien sorgen müssen.

Längst nicht jeder Euro der großen Marketingetats fließt in jene PR-Projekte und -Maßnahmen, die auch den größten Nutzen stiften. Im Gegenteil: Viele Unternehmen investieren Unsummen in ihre PR – und stellen doch erstaunt fest, dass es stets die Konkurrenz ist, die mit ihren Meldungen und Produkten in den Zeitungen und Fachmagazinen auftaucht. „Public Relations: Die besten Tricks der Medienprofis" beschreibt, wie und wo Ihr PR-Budget am besten aufgehoben ist, welche PR-Maßnahmen unter welchen Voraussetzungen wirken – und welche komplett überflüssig sind. Es wirft ein Schlaglicht auf die Gesetze und Regeln, nach denen die PR-Branche wirklich funktioniert. Und ist damit natürlich auch für Leser interessant, die schon immer wissen wollten, wie die großen PR-Storys hinter den Kulissen gestrickt werden.

Es beschreibt in sieben Kapiteln die aussichtsreichsten Wege für Ihren Kommunikationserfolg. Sie erfahren zum Beispiel ...

■ ... nach welchem „Beuteschema" die Medien ihre News auswählen – und wann im Umgang mit Journalisten die Sniper Rifle dem Schrotgewehr vorzuziehen ist.
■ ... was es mit „Medien-Events" auf sich hat – und unter welchen Voraussetzungen glamouröse Inszenierungen nicht nur Geld kosten, sondern auch einen PR-Erfolg nach sich ziehen.
■ ... mit welchen Tricks Journalisten arbeiten – und wie Sie Fallen im Vorfeld erkennen und umgehen.
■ ... wie man als Pressesprecher innerhalb eines Unternehmens erfolgreich arbeitet, wie als Berater in einer Agentur – und welche ungeschriebenen Gesetze es bei der Zusammenarbeit gibt.

Public Relations wirkt. Mit kaum einem anderen Marketinginstrument lassen sich Kommunikationsprozesse derartig machtvoll formen und gestalten. Mit kaum einem anderen Marketinginstrument lassen sich Markenimages aber auch so rasant ruinieren. Eine schlecht gemachte Anzeige wird im schlimmsten Fall nicht wahrgenommen oder sorgt für Lacher (und ist morgen vergessen).

Eine schlecht gemachte PR-Kampagne dagegen ruiniert Ihre Beziehungen zu den Medien auf Jahre hinaus. Am Ende jedes Kapitels finden Sie deshalb eine der insgesamt sieben PR-Todsünden – Maßnahmen und Verhaltensweisen, die jedem Unternehmen und jeder Marke den kommunikativen Todesstoß versetzen.

Nach der Lektüre dieses Buchs werden Sie vor allem wissen, welche unausgesprochenen Gesetze und Regeln im PR- und Medien-Business gelten. Und Sie werden Ihre PR in Zukunft noch wirkungsvoller und effektiver gestalten.

Heidelberg/San Jose, September 2005

Hajo Neu   Jochen Breitwieser

1. „Was geschrieben wird, wird geglaubt" – Einblicke in die Medienmaschine

Viele PR- und Marketingleute betonen gerne, dass PR viel mehr ist als „klassische Pressearbeit" und ein gutes Stück weiter reicht, als Pressemitteilungen zu verfassen und dafür zu sorgen, dass diese sich später in den Medien wiederfinden. Der Grund dafür: Pressearbeit (gute Pressearbeit, also solche, die auch die entsprechenden Ergebnisse bringt) ist der bei weitem schwierigste Teil in Sachen Public Relations. Eine Pressemitteilung nicht nur zu schreiben, sondern auch dafür zu sorgen, dass sie sich hinterher tatsächlich in einer Zeitung, einem Magazin oder sogar im Fernsehen wiederfindet, ist ein ganzes Stück anspruchsvoller und schwieriger, als etwa ein kommunikatives Strategiekonzept zu entwerfen, das viele „Claims" und „Kernbotschaften" enthält, die man unters Volk bringen möchte, die konkrete Umsetzung aber verschweigt oder höflich unter dem weiten Mäntelchen „Medienarbeit" verbirgt. Gerade in PR-Konzeptionen wird das Thema Pressearbeit nicht selten in Nebensätzen abgehandelt oder höflich umschrieben. PR soll „Prozesse in Gang setzen", „Marketingmaßnahmen zielführend begleiten" oder „Entwicklungen strategisch-konzeptionell untermauern", heißt es dann.

> **Merke**
> Fast jedes PR-Konzept glänzt eher mit der Beschreibung ausufernder „PR-Events" als mit Hinweisen darauf, wie die Pressearbeit vonstatten gehen soll.

Viele PR-Leute nennen Public Relations deshalb ironisch „Eisberg-Arbeit". Will sagen: Der unsichtbare Teil, das, was sich unter der Oberfläche befindet, ist siebenmal größer als das, was oben treibt – und mithin (als Ergebnis) sichtbar ist.

Und was ist es, das oben schwimmt? Es ist die Pressearbeit. Es ist jener Teil der PR, in der ein Auftraggeber sich wünscht, man möge dieses oder jenes über ihn berichten, und bei dem sich dann genau dieses oder jenes später in einer x-beliebigen Tageszeitung wiederfindet, vielleicht sogar – Daumen drücken – im Stern, Spiegel oder in den Tagesthemen.

Wenn PR aber wirklich so selten sichtbare Ergebnisse produziert, was macht Pressearbeit dann so schwierig?

Die Medien und ihr Beuteschema

Das altmodische Ideal, das viele Menschen von unserer Medienwelt haben, sieht so aus: Magazine wie der „Spiegel" enthüllen, Nachrichtensendungen wie die „Tagesschau" informieren, und in der „Bild" steht der ganze Rest, der Boulevard-Müll und die schrägen Sachen, an die sich alle anderen nicht trauen. In dieser idealisierten Medienwelt sind es die Fakten und guten Argumente, die harten Storys und natürlich auch die handfesten Skandale, die von den schwarzen Löchern der Mediengalaxie am gierigsten aufgesogen werden und die es in die Nachrichten schaffen, auf die Titelseiten der Skandalblätter und in die meinungsbildenden Magazine. Nach dieser Theorie ist PR eine leichte Sache: Die guten, großen Geschichten werden von den Medien gut und groß gebracht, die kleinen, schlechten allenfalls klein und dann auch noch schlecht.

Leider ist dies nicht mehr als eine Theorie, und in der Zeitung tauchen nur zu oft jene Storys auf, deren Urheber über die geschickteste PR-Strategie verfügen. Denn im Mediendschungel setzt sich nicht das durch, was wichtig ist, sondern das, was am besten ins Beuteschema der Journalisten passt.

Merke

Journalisten verhalten sich nicht anders, als jeder normale Mensch es tut, der in einer komplexen, verwirrenden Welt gefangen ist und Orientierung sucht. Jeder Journalist, der eine Geschichte bringt, die einer seiner Kollegen bereits erfolgreich im Blatt hatte, ist auf der sicheren Seite. Themen, die anderswo bereits halbwegs erfolgreich gelaufen sind, haben die Nagelprobe bestanden.

Was passt? Um eine der wichtigsten Grundregeln plastisch zu formulieren: Alles, was irgendwer schon mal vorher geschrieben hat. Inhaltlich ist es völlig egal, worum es geht. Hauptsache, es stand schon mal in der Zeitung. Denn: Journalisten schöpfen nicht nur aus sich selbst, sondern schreiben bisweilen voneinander ab.

Im Idealfall stand die Story in einem kleinen, meinungsbildenden Magazin. Warum klein und nicht groß? Ist eine riesige Story in einem der großen Blätter des Landes, gar in den Tagesthemen, nicht viel wirkungsvoller? Auf den ersten Blick ja – allerdings wird dann im schlimmsten Falle, abgesehen von ein paar unbedeutenden Redaktionen, kaum noch jemand auf den Zug aufspringen. Die (Medien-)Welle verebbt, bevor sie sich richtig aufbauen konnte, bricht praktisch vor ihrem Höhepunkt kraftlos in sich zusammen. Eine Geschichte in einem kleinen, aber feinen Magazin ist dagegen die beste Ausgangslage für einen PR-Coup. Im Idealfall pflanzt sich die Story dann zunehmend selbständig fort und der PR-Berater muss nichts weiter tun, als noch ein wenig nachhelfen, sprich: die großen Mainstream-Medien auf die fette Story aufmerksam machen, die ihnen da ansonsten durch die Lappen gehen würde.

Einen wichtigen Sonderfall bei dieser Art der News-Verbreitung stellen übrigens (Internet-)Communities und Blogs dar. Auch wenn das Schreiben (und Lesen) von Blogs in Deutschland noch in den Kinderschuhen steckt: Der Einfluss der Internet-Publizistik wächst rasant. Mehr zum Thema Pressearbeit und speziell auch dazu, wie Sie Community-PR betreiben und mit Bloggern umgehen, finden Sie in Kapitel 3.

Weg mit der Schrotflinte: Agenda-Setting

Themen gezielt setzen – das nennt man Agenda-Setting, wie jeder Publizistikstudent bereits im Grundstudium lernt. Aber wie sieht erfolgreiches Agenda-Setting in der Praxis aus?

Praxisbeispiel: Das amerikanische Magazin „Wired"

Beispiel für ein Magazin mit enormer Außen- und Verbreitungswirkung ist das amerikanische High-Tech- und Computer-Magazin „Wired", das wie kein anderes die digitale Revolution der 90er Jahre begleitete und mitgestaltete. Wired erkannte Trends und trendige Storys meist viel früher als jedes andere Medium – mit der Folge, dass sich Journalisten auf der ganzen Welt, die über das „Phänomen Internet" und die so genannte New Economy schrieben, bei Wired bedienten und die darin enthaltenen Geschichten und Ideen je nach dem eigenen Ansatz weiter aufbohrten und ausschlachteten. Praktisch jede packende Story, die es in Wired gab, tauchte über kurz oder lang auch in Deutschland auf. High-Tech-Unternehmen, die in Wired mit ihren (echten oder vermeintlichen) Innovationen porträtiert wurden, hatten gut lachen: Sie wurden in Windeseile und im günstigsten Falle global bekannt, ohne viel mehr dafür leisten zu müssen als einen Initiativschub.

In die Kategorie „Kenn' ich – kann ich ohne Risiko übernehmen" fallen ebenfalls die bekannten Nachrichtenagenturen (dpa, AP, AFP ...). Eine halbwegs interessante Geschichte über eine Agentur laufen zu lassen, ist eine sichere Bank. Besser noch: Die Geschichte wurde von einer ausländischen (im Idealfall amerikanischen) Nachrichtenagentur aufgetan. Damit kommt zum ersten positiven Faktor (glaubwürdige Quelle, als solche gelten die Newsticker nämlich stets) gleich noch ein zweiter hinzu – nämlich „kommt aus Amerika", eine Chiffre, die häufig gleichbedeutend ist mit „schräg/abgefahren/könnte ein neuer Trend sein".

> **Praxistipp**
>
> So funktioniert Agenda-Setting:
>
> ▪ Storys in kleinen Magazinen platzieren
>
> ▪ „Unverbrauchte" Medien wie Internet/Blogs nutzen
>
> ▪ Erste Berichte für weitere Kontakte nutzen

Im Idealfall geht der PR-Berater also nicht mit dem Schrotgewehr auf die Pirsch, zielt in den Wald, drückt ab und hofft, irgendwer da drinnen möge schon umfallen. Stattdessen schultert er das Scharfschützen-Gewehr und platziert seine Story mit einem gezielten Schuss in einem Magazin, von dem er sicher sein kann, dass die Geschichte dort auch ankommt – und sich im Idealfall mehr oder weniger von alleine fortpflanzt.

PR-Alltag

So viel zum Idealfall. Leider sieht die Normalität nur allzu häufig keine derart selektive PR und gezieltes, an den Bedürfnissen der Medien orientiertes Vorgehen vor, sondern eben doch PR mit der Schrotflinte. Und die sieht so aus: Lawinen von Pressemitteilungen, die täglich aus Faxgeräten fluten, Mailboxen verstopfen und die Schreibtische der Redaktionen überschwemmen. Inhalt: „Sensationelle Produktnews", „gewaltige Unternehmensdurchbrüche" und Ankündigungen zu „beispiellosen Medien-Events". In den meisten Fällen haben derlei Neuigkeiten mit Werbung mehr Ähnlichkeit als mit professionellen Presseinformationen. Adressiert sind sie nicht selten an Redakteure, die längst nicht mehr im Hause sind, an Praktikanten, die irgendwann einmal den Telefonhörer abgehoben haben oder gleich an „die Chefredaktion". Eine wachsende Zahl von Unternehmen und Agenturen greift dabei immer häufiger auf externe Versender zurück, welche die Pressemeldungen per Internet auch noch in die entlegensten Winkel der Medienlandschaft streuen. Ergebnis: eine gewaltige Dissonanz und Journalisten und Redaktionen, die unter einer unüberschaubaren News-Flut mit meist niedrigstem Informationsgehalt ächzen. Und schuld daran sind PR- und Marketingabteilungen, die das flächendeckende Versenden von Pressetexten als ihren einzigen Daseinszweck auffassen.

Das ist traurig – insbesondere angesichts der Tatsache, dass viele PR-Leute sich sehr wohl im Klaren darüber sind, dass Quantität nichts mit Qualität gemein hat. Warum sieht die Praxis dann trotzdem so trist aus?

Zielgruppe: Journalisten

PR-Berater verbringen viel Zeit in Meetings, mit Brainstormings und bei Präsentationen. Sie entwickeln strategische Kommunikationskonzepte, definieren Zielgruppen, erstellen und analysieren Kernbotschaften. Wenn Sie selbst in der PR arbeiten oder auch nur am Rande mit der Kontrolle und Administration von Public-Relations-Aufgaben zu tun haben, sollten Sie bei allem Glanz, den diese erhabenen Tätigkeiten versprühen, jedoch eines nie vergessen: Ziel dieser Tätigkeiten ist es, sich jenem Wesen zu nähern, das zu 95 Prozent für den Erfolg oder Misserfolg in der PR verantwortlich ist: Es ist der Journalist.

Merke

Der Journalist ist derjenige, auf dessen Worte die Massen sich verlassen, und mit dem Werben um ihn, um seine Gunst, beginnt und endet alles, was sich später einmal als Eisberg über der Wasseroberfläche befindet.

Egal, was andere Leute Ihnen erzählen, was in teuer produzierten Agenturbroschüren von Multiplikatoren, von Ziel- und Bezugsgruppen, von strategischer Ausrichtung und konzeptionellen Erfordernissen steht – vergessen Sie's. Es geht darum, Journalisten zu verstehen, um (fast) nichts anderes. Kern erfolgreicher PR ist erfolgreiche Medien- oder Pressearbeit. Wie aber kann etwas, was im Kern so simpel und verständlich scheint, so ausufern, so kompliziert und so missverstanden werden? Haben wir PR einfach nicht verstanden?

Ursache für einen Großteil der Missverständnisse rund um PR und für die Massenaussendungen, die täglich die Unternehmenspressestellen und deren Agenturen verlassen, ist die Stellung, die PR innerhalb vieler Unternehmen innehat – beziehungsweise die Wunderdinge, die man Public Relations gemeinhin zutraut. Es ist (sprechen wir's ruhig aus, denn davon leben viele Agenturen und Berater prächtig) der Ruf, den PR als Allheilmittel genießt, maximale Ergebnisse bei gleichzeitig minimalem finanziellen Einsatz zu erzielen. Haben sich PR-Leute das ganze Dilemma also selbst eingebrockt?

Praxisbeispiel: Wie entstehen PR-Maßnahmen?

Werfen wir einmal einen Blick in ein ganz normales Unternehmen, das ganz normale Produkte vermarktet und sich dazu ganz normaler Marketingmittel bedient. Wie entsteht dort eine PR-Maßnahme? Häufig so: Marketing, Vertrieb und PR sitzen zusam-

men. Der Vertrieb sorgt sich – das Produkt XY läuft nicht so gut wie erhofft, die Außendienstmitarbeiter machen kaum Abschlüsse und das, was bereits an den Handel verkauft wurde, liegt wie Blei in den Regalen und steht kurz vor der Verramschung. Scheinbar hat von den Konsumenten da draußen noch niemand was von den Qualitäten der ganzen Sache mitbekommen. Was tun? Kein Problem: Um das Käufervolk von den Vorzügen der eigenen Erzeugnisse zu überzeugen, hat man schließlich das Marketing. Aber: Das Marketing winkt ab. Sämtliche Werbebudgets sind bereits komplett verplant und ausgegeben, sorry, außerdem ist inzwischen die Planung für das nächste Jahr angelaufen, für ein bereits ausgeliefertes Produkt ist da wirklich kein Cent mehr übrig. Meistens ist das der Moment, wo es für die PR gefährlich wird, denn spätestens jetzt folgt ein folgenschwerer Seitenblick auf den Pressemann oder die Pressefrau, der bedeutet: Können wir da „PR-technisch" noch was tun? Will sagen: ein paar schnelle Storys in geeigneten Medien initiieren – Zeitungs-, Fernseh- oder Radioberichte, die den einen oder anderen Konsumenten dazu veranlassen, doch noch zuzugreifen? PR ist doch so flexibel – und vor allem schön billig. Und je nachdem, ob auf dem PR-Stuhl jemand sitzt, der beharrlich und selbst auf die Gefahr hin, dann als verzagter Verhinderer dazustehen, abwinkt, oder jemand, der klein beigibt, passiert in der Praxis Folgendes: Anhand von elektronischen Datenbanken werden seitenweise Verteiler produziert, an welche die Unternehmenspressestelle (oder deren Agentur) eine Pressemitteilung schickt, in der die Vorzüge des Produkts XY gepriesen werden. Bisweilen (um auf Nummer sicher zu gehen) adressiert man solche Infos direkt an den Herrn Chefredakteur, der dann, so möglicherweise die Vorstellung, mit der Pressemitteilung in der Hand zum zuständigen Redakteur eilt und diesen veranlasst, einen entsprechenden Bericht zu verfassen. Und um den ganzen Prozess noch ein wenig zu beschleunigen, wird nicht selten ein Praktikant mit einem so genannten „Nachfass" beauftragt. Der ruft (möglichst mehrmals) in den betroffenen Redaktionen an und erkundigt sich nach dem Stand der Dinge und ob es denn wohl schon die ersten Berichte gab. Ergebnis: verschwendete Ressourcen, überquellende Papierkörbe und entnervte Redaktionen.

Nicht weniger schwer wiegen die Fälle, in denen das Marketing-Gespenst der „integrierten Kommunikation" umgeht – wonach die Vernetzung aller Marketinginstrumente Bedingung für erfolgreiche Kommunikation ist. Das hat zur Folge, dass Werbekampagnen zunehmend auch durch PR-Maßnahmen begleitet werden (müssen). Vereinfacht gesagt: Die Werbung entwickelt launige Produktbotschaften, welche die PR-Agenturen im schlimmsten Falle 1:1 nachbeten – obwohl sie für Journalisten und die Arbeit der Medien nicht den geringsten Wert haben – und schlimmer: von den Medien explizit nicht gewünscht werden.

Prinzipiell ist gegen die Verzahnung der verschiedenen Kommunikationsdisziplinen nichts einzuwenden. Im Gegenteil: Wer stra-

tegisch kommuniziert, sorgt dafür, dass Marketing, Werbung und Medienarbeit an einem Strang ziehen und dasselbe Ziel anstreben. Und das lautet (aller Kapitalismuskritik zum Trotz): ein Produkt, eine Dienstleistung oder ein Unternehmen zu verkaufen – vulgo: Profit zu machen oder diesen zu maximieren. Dieses Ziel kann auf viele verschiedene Arten erreicht werden und es ist legitim und sinnvoll, sich dabei mehrerer Disziplinen zu bedienen. Den meisten Kunden ist es vermutlich ohnehin egal, aus welcher Schublade man sich zur Erreichung der oben genannten Ziele bedient, da die Definitionen verschwommen und die Grenzen fließend sind. Wenn Sie sich einen lustigen Nachmittag mit Ihrem Kunden machen wollen, fragen Sie ihn doch mal nach der (oder eher: seiner) Definition von Marketing und Werbung im Vergleich zu PR.

Was hier jedoch deutlich werden soll: Public Relations sind kein Vehikel der Werbung, und PR kann nur gelingen, wenn sie vor allem eines ist: selbständig, unabhängig.

Die Medien sind wie ein schwarzes Loch

Im Prinzip herrschen beste Voraussetzungen für ein einträchtiges Miteinander zwischen PR-Beratern und Journalisten. Warum? Weil Journalisten Informations- und News-Junkies sind. Sie haben jeden Tag entweder eine komplette Zeitung zu schreiben, ein 24-stündiges Fernsehprogramm zu produzieren oder monatlich ein mehrere hundert Seiten umfassendes Magazin mit lesenswerten Informationen zu füllen. Dafür benötigen sie

Inhalte – enorme Mengen an Inhalten. Grob geschätzt gibt es alleine auf dem deutschen Print-Markt 2.000 Publikumsmagazine, 3.500 Fachzeitschriften und um die 300 Tageszeitungen. Diese Medienvielfalt ist die Ursache für einen nahezu unstillbaren Informationshunger. Und das Schlimmste wäre es, wenn es nichts zu berichten gäbe; der Horror Vacui gehört zu den größten Ängsten des medialen Zeitalters – und ist der Albtraum aller, die im Medienbusiness arbeiten.

Praxisbeispiel:

Die Konsequenzen dieser stetigen Gier nach Neuem zeigen sich besonders deutlich an der Berichterstattung über die liebste Freizeitbeschäftigung der (männlichen) Deutschen. Es geht um Fußball, beziehungsweise um diejenigen, deren Job das Fußballspielen ist. Früher, das heißt, bis weit in die 1980er Jahre, fielen 90 Prozent von dem, was heutzutage landläufig als Skandal wahrgenommen wird, unter den Tisch. In dieser für heutige Verhältnisse farblos anmutenden Vorzeit beschränkten sich Fußballberichte auf die großen Club-Begegnungen und ab und an mal ein Interview mit einem der Trainer. Bei Auswärts-Länderspielen war allenfalls ein Team von ARD/ZDF dabei und wenn es hoch kam, der Ressort-Leiter vom „Kicker". Heute dagegen: Hundertschaften, die sich aus Technikern und Journalisten von Fernsehsendern und Radiostationen zusammensetzen, obendrein Dutzende Reporter von jeder Zeitung mit Sportseite. Keine Geschichte ist zu nebensächlich, kein Gerücht zu banal, um nicht hundertfachen Widerhall in den Medi-

en zu finden, von den kleinsten Verletzungen bis hin zu privaten Wochenendbeschäftigungen. Worin sich der gewaltige Appetit der Medienmaschine jedoch am auffälligsten zeigt: Waren es einst lediglich Sportjournalisten, die den Kickern an den Fersen hingen, so sind es heutzutage Fotografen und Nachrichtenjäger, die gewöhnlich für die Boulevard-Medien arbeiten.

Das zeigt: Die Medien sind wie ein schwarzes Loch, sie verschlingen alles – nur eben mit unterschiedlichem Appetit. Fußballthemen, die es in die großen Mainstream-Medien und auf die Titelseiten sämtlicher Klatschblätter schaffen, sind dabei nur die eine (extreme) Seite. Meldungen, die immerhin noch dem Lokalblatt eine Erwähnung wert sind, das andere. Denn in einer Welt, in der täglich neue Informationskanäle entstehen, in der Informationen zum begehrten, hoch gehandelten Rohstoff werden, ist im Prinzip keine News belanglos genug, als dass sie nicht irgendwo für irgendwen von Interesse sein könnte – und damit einen Abdruck schafft. Die ganze Kunst bei dem Versuch, das sichtbare Siebtel des PR-Eisbergs über der Wasseroberfläche zu produzieren, besteht darin, die Lücken in dieser gigantischen und meist chronisch verstopften Informationsmaschinerie ausfindig zu machen und herauszufinden, was für wen unter welchen Umständen von (Nachrichten-)Wert sein könnte.

Damit ist auch der ewige Kampf zwischen PR und Marketing beschrieben. Marketing sind exakte Schaltpläne und Freigaben für bunte Anzeigenseiten, Channel-Marketing-

Kampagnen und die planmäßige Produktion von Give-aways. PR dagegen lässt sich nicht buchen und hat so gut wie nichts mit Werbung zu tun. PR ist vielmehr die ewige, mannigfaltig variierte Frage: Was ist so scharf, so sexy, dass man es vielleicht sogar dem Spiegel oder den Tagesthemen anbieten könnte? Oder im anderen Fall: Wie macht man ein auf den ersten Blick langweiliges Thema so scharf und sexy, dass der zuständige Nachrichtenredakteur sagt: „Nehmt das Erdbeben von der Titelseite – ich hab' hier was viel Besseres"?

Nachdenken am Kiosk

Für die Antwort auf diese Fragen braucht es gerade einmal zwei Dinge:
- Den gesunden Menschenverstand.
- Die ständige Kommunikation mit der Zielgruppe.

Erstaunlicherweise beginnen jedoch mit Punkt 1 häufig schon die Probleme. Der Grund: Betriebsblindheit.

Praxistipp

Nichts wirkt hemmender auf erfolgreiches Agenda-Setting als eherne Glaubensregeln wie „Arbeiten wir nicht im besten Unternehmen der Welt? Ist das nicht schon Story genug?" oder „Stellen wir nicht die besten Produkte der Welt her? Stecken da nicht schon genug spannende Neuigkeiten drin?"

Besonders kritisch: Wenn am Beginn der Planungen ein „PR-Konzept" steht, das eine „Kommunikationsstrategie" enthält sowie „Kernbotschaften", die über „Kommuni-

kationskanäle" an die „Kernzielgruppen" gebracht werden sollen. Nichts gegen strategische Grundsatzüberlegungen, aber häufig sind diese Konzepte nichts weiter als kaum praxistaugliche Wunschzettel. Denn anders als in der Werbung, in der sich (genügend Geld vorausgesetzt) aus fast jeder Idee auch eine Anzeige oder ein Spot stricken lässt, haben die Götter bei Public Relations vor das Ergebnis den Journalisten gesetzt. Und der biegt sich die Story meistens so zurecht, wie es ihm passt.

Merke

Kommunikationskonzepte sind in vielen Fällen kaum praxistaugliche Wunschzettel!

Was eher zum Erfolg führt als mehrstündige Strategie-Meetings am grünen Tisch, ist der Gang zum nächsten Kiosk. Und das bedeutet: Medienkonsum. Leider setzen sich PR-Leute, die nachdenklich am Schreibtisch sitzen und über einer Zeitung oder einem Magazin brüten, schnell dem Verdacht des Nichtstuns aus. Doch genau das verspricht den größten Erfolg bei der Suche nach den schwarzen Löchern der Mediengalaxie: Der Mut, für Kunden oder Kollegen nicht erreichbar zu sein – und zu lesen, fernzusehen oder mit denjenigen zu sprechen, die die Zielscheibe all der Anstrengungen sind, nämlich den Journalisten. Womit wir auch schon beim zweiten Punkt wären, bei dem es heißt: Kommunizieren – entweder persönlich von Angesicht zu Angesicht oder per Telefon. Nicht per E-Mail, nicht per Fax, und nicht in Form von jenen Aktionen, die in vielen Agenturen unter dem Stichwort „Nachfass" laufen und bei denen verstörte Praktikanten oder Sekretärinnen in den Redaktionen anrufen, um zu fragen, „ob die letzte Pressemitteilung angekommen ist". In vielen der besten Agenturen sind es nicht selten (Ex-)Journalisten, die den wichtigsten Job erledigen und die zu diesem Zweck nur über einen einzigen Rohstoff verfügen: Kontakte. Kontakte zu (Ex-)Kollegen, von denen sie reichlich Gebrauch machen, um Stimmungen zu sondieren, Trends aufzuspüren und letztlich mit den richtigen Geschichten in die richtigen Lücken zu stoßen. Es gibt wenige Dinge, die sich folgenschwerer auf die Beziehungen zwischen Journalisten und PR-Leuten auswirken als Unwissenheit auf Seiten der PR-Verantwortlichen oder Anrufe, die zwar vordergründig Informationen vermitteln sollen, bei denen es sich aber in Wahrheit nur um schlecht geführte Verkaufsgespräche handelt. Umgekehrt sind Medienleute verblüffend einfach glücklich zu machen – nämlich dann, wenn sie mit jemandem sprechen, der nicht nur Bescheid weiß, sondern auch noch eine Story mit Überraschungseffekt im Gepäck hat.

Die magischen Fragen und was sie bedeuten

Wenn sich alle PR-Berater vor dem Gespräch mit einem Journalisten eine intelligente Antwort auf zwei Fragen zurechtlegen würden, wäre ihnen Berichterstattung fast sicher, und es gäbe weniger genervte Journalisten.

Praxistipp: Die magischen Fragen und was sie bedeuten

Dass Journalisten bisweilen recht lakonische Wesen sind, spiegelt sich auch in den zwei Fragen wider:

▪ Na und? Was ändert das?

▪ Wen interessiert's?

Warum sollte meine Leser/Zuschauer/Zuhörer das interessieren?

Wenn Sie einem Journalisten Antworten auf diese Fragen geben können, haben Sie fast schon gewonnen.

Schaffen Sie es, die erste Frage knapp, klar und ohne Werbe-Slogans oder Marketing-Speak zu beantworten, dann können Sie einem Journalisten auch erklären, was an Ihrer Meldung so wichtig ist, ob/warum es derlei noch nie gab und welche bahnbrechende Veränderung/Verbesserung Sie der Menschheit damit bringen.

Mit der zweiten Frage beantworten Sie dann, wieso Ihre Meldung für genau diesen Journalisten von Bedeutung ist und warum sie der Aufmacher für die nächste Ausgabe sein könnte.

Erwarten Sie nicht, dass der Journalist sofort versteht, warum Ihre Nachricht so heilbringend ist – Sie müssen es erklären und sein Verständnis dafür schärfen. Außerdem sind diese Fragen ein Test für Sie. Wenn Sie sie nämlich nicht beantworten können, dann sollten Sie sich dringend überlegen, warum Sie den Journalisten überhaupt anrufen. Warum sollte er sich für Ihre Meldung interessieren, wenn Sie es nicht einmal sich selbst erklären können? Ein Journalist berichtet immer für seine Leser, Zuschauer oder Hörer. Wenn Sie folglich nach reiflicher Überlegung keine Erklärung dafür haben, warum sich der Journalist und seine Leserschaft für Ihre Meldung interessieren sollten, dann haben Sie gerade noch mal die letzte Ausfahrt vor der Autobahn genommen und sich eine Blamage erspart.

Ihre neue Kaffeemaschine, die hängende Filter und Tropfverschluss hat und damit achteinhalb Tassen Kaffee produziert, kann dagegen eine Meldung werden, wenn Sie diese Fragen beantworten können. Kein Witz!

Und noch etwas bedeuten diese zwei Fragen: nämlich dass Sie Massenaussendungen und „Spam-PR" vermeiden sollten. Anders gesagt: Sie finden auf diese Fragen keine plausiblen Antworten für alle 237 Journalisten in Ihrem Verteiler auf einmal? Raten Sie mal, was das bedeutet – das ist ein Zeichen dafür, dass Ihr Verteiler größer ist, als er sein sollte.

Mit News zum Massenaussand

Wie man News und Storys entwickelt, dazu mehr im nächsten Kapitel, das sich ganz dem Thema „professionelle Pressearbeit" widmet. Doch zunächst noch zu einer Frage, die sich in der Praxis ebenfalls häufig stellt: Was tun, wenn diese gezielte Ansprache nicht funktioniert, gar nicht möglich ist? Überspitzt gefragt: Sollte man jedesmal mit einer zum PR-Coup tauglichen Idee ein fremdes, unbekanntes Magazin recherchieren, möglichst im Amerika, und darauf hoffen, dass ein deutscher Journalist von der Meldung Notiz nimmt? Nicht unbedingt. Es geht auch einfacher.

Jeder PR-Berater weiß: Journalisten haben nicht nur chronisch keine Zeit, sie leiden auch stärker unter der Informationsflut als jede andere Berufsgruppe. Es klingt wie ein Treppenwitz des massenmedialen Zeitalters, doch ausgerechnet diejenigen, die uns die Schneisen durch den Informationsdschungel schlagen sollen, leiden am ärgsten unter dessen Wucherungen. Verantwortlich für diesen permanenten Overflow an nutzlosen Infos, unbrauchbaren Bildern und News ohne Neuigkeitswert sind natürlich wieder mal die PR-Berater. Keine Frage, das ist schlimm, besonders für Journalisten. Für PR-Leute dagegen ist es vor allem eine gewaltige Herausforderung. Denn manchmal (in begründeten Fällen wohlgemerkt) geht es einfach nicht ohne einen richtig dicken Schuss aus der Schrotflinte, also einen so genannten Massenaussand, mit dem man möglichst viele Medienleute attackiert, in der Hoffnung, ein paar (oder doch zumindest einer) mögen schon umfallen und die Pressemitteilung in einen vollwertigen redaktionellen Bericht verwandeln. Grund dafür ist wiederum der schnelle Wandel der Medienwelt und die ausufernde Medienvielfalt: Kein PR-Berater kennt alle Journalisten persönlich, kein Verteiler ist perfekt recherchiert, und viele Storys muss man erst Dutzenden von Leuten anbieten, bevor jemand anbeißt. Und damit ist die bittere Wahrheit ausgesprochen: Um ein Thema unterzubringen, kommen Sie manchmal um einen Massenaussand nicht herum.

Praxistipp

Ein Massenaussand kann erfolgreich sein – wenn Sie ein Produkt vertreten, für das sich erwiesenermaßen eine breite Masse interessiert. Ein Mittel gegen Krebs würde zum Beispiel darunter fallen – ein Schraubenschlüssel, mit dem man auch Muttern in Zwischengrößen lösen kann, ganz sicher nicht.

Wenn Sie sich dafür entscheiden, sollte vor allem eines stimmen: der News-Gehalt, die Fakten – vielleicht sogar die Überraschungen, die sich hinter den Hard-Facts verbergen. Derlei Fakten müssen nicht immer im Produkt oder Unternehmen selbst liegen. Sie können auch aus einem Sachverhalt stammen, der auf den ersten Blick neben der eigentlichen Story liegt, etwa der Geschichte oder den Verkaufserfolgen eines Unternehmens.

Praxisbeispiel:

Angenommen, es geht um einen Automobil-Hersteller: „80 Prozent aller Formel-1-Fahrer fahren privat einen Mercedes" wäre eine solche imagemachende Tatsache, die gleichzeitig für Journalisten von Interesse ist – weil es deren Leser oder Zuschauer interessiert. Ein weiteres Beispiel für ein gelungenes PR-Thema abseits der ausgetretenen Pfade war der Supersommer 2003, den nicht nur Eishersteller für ihre Pressearbeit nutzten, sondern auch eine clevere Anwaltskanzlei. Moment, Anwaltskanzlei? In der Tat ... Wir erinnern uns: Die Hitze jenes Sommers war über Wochen hinweg medienbeherrschend. Jede Meldung, die irgendwie im Zusammenhang mit den hohen Temperaturen stand,

löste geradezu reflexartiges Zugreifen der Medien aus, egal, ob es sich um Sonnencreme-Tests oder ausgesetzte Kaimane in Baggerseen handelte. Zu dieser gewaltigen Woge an Sommer/Sonne-Berichten gehörte auch die Meldung einer großen Anwaltskanzlei zum Thema „Ihr Recht auf hitzefrei". Die entsprechende Pressemitteilung widmete sich ganz der Frage, ab welcher Bürotemperatur Angestellte das Recht haben, nach Hause geschickt zu werden. Geschickt eingestreute Zitate und entsprechende Hinweise auf die Verfasser sorgten für den nötigen PR-Effekt. Es gelang den Urhebern, sich selbst und ihre (Produkt-)Botschaften intelligent in Zusammenhang mit einem medienbeherrschenden Thema zu bringen.

Wenn also die News, die Fakten stimmen, haben Sie gute Aussichten, auch einen Massenaussand erfolgreich zu bewältigen.

Die Crux mit den Zahlen

Das Gebet, das Mantra der Public Relations lautet: Journalisten soll man es so einfach wie möglich machen. Dazu gehören anständige Fotos (keine Werbebildchen, sondern richtige Pressefotos), vernünftig geschriebene Pressetexte (kein Wischiwaschi und keine Werbetexte), professionell produziertes Fernsehmaterial (wenn man TV-Redaktionen angeht) und eben ... aussagekräftige Zahlen. Zahlen sind der Kern unwiderlegbarer Fakten. Handfeste Zahlen überzeugen jeden, auch die ganz hart gesottenen Journalisten von der FAZ und vom Handelsblatt. Erst die richtigen Zahlen verleihen jeder Pressemeldung eine Aura von Wahrheit und Wichtigkeit.

Und damit sind wir bei einem der dunkelsten Kapitel der PR angelangt, denn Zahlen sind so etwas wie die Crux, an der sich nicht selten der Erfolg oder Misserfolg von Public Relations entscheidet – der Scheideweg, an dem der Journalist entweder beschließt „Beeindruckend, insbesondere die Zahlen – das nehm' ich!" oder aber die Pressemitteilung im Mülleimer entsorgt. Was kaum ein Medienmensch weiß und die Sache nicht unbedingt leichter macht: Zunächst mal sind inhaltsreiche Zahlen für PR-Leute irrsinnig schwer zu beschaffen, egal, welcher Art sie auch sein mögen. Das hängt mit der Verschwiegenheit zusammen, mit der viele Unternehmen operieren, mit der Angst derjenigen, die über diese Zahlen gebieten, man (vulgo: die Medien) könne sie ihnen falsch auslegen.

Merke

Nichts fürchten Produkt-Manager, Vertriebsleute und CEOs mehr als die Schlagzeile „Umsatz dramatisch gesunken" oder „Unternehmen XYZ verliert Marktanteile".

Dabei spielt es kaum eine Rolle, ob es sich um Zahlen über Mitarbeiter, Umsätze, die Konkurrenz, den Markt oder die Zukunft handelt. Zahlen sind wie Gespenster: Häufig ahnt man zwar von ihrer Existenz, doch wenn man meint, ein oder zwei von ihnen packen zu können, lachen sie spitzbübisch und verschwinden wieder. Die praktische Konsequenz dieses Mangels kennen leidgeprüfte PR-Berater und Journalisten nur zu gut: Pressetexte, die von „Unternehmens-

entwicklungen" und „Geschäftsergebnissen" handeln, aber nicht eine einzige Zahl enthalten und stattdessen alles, was zu konkret werden könnte, vornehm umschreiben. Meist entstehen dann Sätze wie „... konnten wir unsere Marktanteile erheblich ausweiten ..." oder „... gelang es dem Unternehmen im schwierigem Marktumfeld, seine Position entscheidend zu verbessern".

Schlimm, aber kein Grund zu verzagen. Für PR-Berater gilt jedenfalls: Behandeln Sie wirkungsvolle Zahlen stets wie das, was sie sind, nämlich die denkbar knappste Ressource im gesamten PR-Universum.

Praxistipp

Gehen Sie mit der Verbreitung von Zahlen äußerst sparsam um – selbst dann, wenn Sie genug davon haben. Andernfalls besteht die Gefahr, dass die Medien sich just jene Zahlen herauspicken, die man Ihnen falsch auslegen könnte.

Häufig erfüllen Zahlen die beste Voraussetzung für erfolgreiches Agenda-Setting. Dann heißt es: Verschwiegenheit bewahren und zunächst nur mit jenen Medien sprechen, deren Verbreitungswirkung bei der für sie wichtigen Zielgruppe am höchsten ist. Nehmen Sie den Hörer in die Hand, nennen Sie Ihren Namen und raunen Sie verschwörerisch: „Ich hätte da möglicherweise ein paar äußerst interessante Zahlen für Sie ...". Es wird seine Wirkung nicht verfehlen.

Todsünde Nr. 1:
Public Relations mit Marketing verwechseln

Machen Sie es als PR-Frau oder -Mann jedem im Unternehmen recht! Wenn Abteilungsleiter XY meint, er müsste dringend mal wieder in der Zeitung stehen, pflichten Sie ihm bei. Verfassen Sie eine Presseinformation (zu einem Produktfeature, das zwar schon uralt ist, in den Medien aber noch nie so richtig Erwähnung fand, zum neuen Design der Büroräume – egal was) und streuen Sie diese möglichst breit (nur keine Scheu – lieber eine Redaktion zu viel als eine zu wenig). Vor allem aber: Sehen Sie sich als verlängerter Arm der Werbeabteilung! Das Marketing entwickelt eine neue Produktkampagne, die zwar wenig Fakten, dafür aber umso mehr emotionale Produktbotschaften enthält? Wunderbar! Das bietet Stoff für eine dicke Pressemappe. Sie wissen ja: Wenn Sie einem Journalisten eine Story anbieten, die zwar kaum News und harte Fakten enthält, dafür aber reichlich Emotionen („Die Konsumenten *lieben* unser brandneues Produkt!"), ist das schon die halbe Miete.

2. PR kommt von Relations – Über erfolgreiches Dialog- und Beziehungsmanagement

Von George W. Bush lernen, heißt Siegen lernen – jedenfalls, wie man richtiges PR- und Kommunikationsmanagement betreibt. Egal, ob man den amerikanischen Präsidenten mag oder nicht, was er im US-Präsidentschaftswahlkampf 2004 ablieferte, war ein an Professionalität nur schwer zu überbietendes Kampagnenmanagement. Bush steigerte die Zahl seiner Wähler um fast ein Fünftel und baute den Anteil der Stimmen in vielen demografischen Gruppen aus, die traditionell eher demokratisch wählten. Zu verdanken hat er diesen Erfolg vor allem seinem „Senior Advisor" Karl Rove – dem Chefstrategen im Weißen Haus. Was Rove in den Monaten vor dem Urnengang organisierte, war laut Aussage des renommierten, auf die Analyse von Wahlkämpfen spezialisierten Cook Report die „fraglos am besten geplante, am besten durchgeführte Präsidentschaftskampagne aller Zeiten". Es war vor allem eines – ein gewaltiger Kommunikationserfolg. Und ein Kommunikationsdesaster für die Wahlkampfstrategen der Demokraten, denen es nicht gelang, die (zahlreich vorhandenen) Schwächen des amtierenden Präsidenten hervorzuheben. Worin bestand die Systematik dieses PR-Erfolgs? Ganz allgemein formuliert zunächst in der Erkenntnis, dass die Märkte – *alle* Märkte – heterogen sind.

Merke

Die Systematik des Kommunikations-Erfolges von George Bush während des Präsidentschaftswahlkampfs lag in der Erkenntnis, dass die Märkte – *alle* Märkte – heterogen sind.

Praxistipp

Die Wahlkampfstrategen befolgten folgende Regeln, die für jede Art von PR- und Kommunikationsarbeit Gültigkeit haben:

Kommunizieren Sie individuell. Egal, ob es um Konsumenten, Kunden oder Journalisten geht: Entscheidend ist die persönliche und personalisierte Ansprache – das Gegenteil dessen, was klassische Werbeformen wie Print- oder Fernsehwerbung leisten. Die Republikaner nannten dieses Vorgehen „Microtargeting". Für Public Relations bedeutet das: Verteilerarbeit. Nicht nur Journalisten unterschiedlicher Mediengattungen müssen unterschiedlich angesprochen werden, vielmehr gilt es, jeden einzelnen Medienmann und jede einzelne Medienfrau – jedenfalls die von Bedeutung – zu verstehen und sie mit jenen Infos zu versorgen, die sie für ihre Arbeit benötigen. Dazu gehört auch die fortlaufende Analyse, wer die wichtigsten Journalisten sind. Frage: Wie erkennt man das? Antwort: durch Medienkonsum. Noch immer gibt es in der PR zu viel Einbahnstraßen-Kommunikation. Mindestens ebenso wichtig wie das Verteilen von Infos ist es, festzustellen, worüber und mit welcher Tendenz die anvisierten Journalisten schreiben und berichten. Wenn Sie erst einmal verstanden haben, wie die für Sie wichtigen Medienvertreter funktionieren, wird es ein gutes Stück einfacher sein, das eigene Unternehmen und entsprechende Informationen passend an den Mann und die Frau zu bringen.

Sprechen Sie eine deutliche Sprache und verstellen Sie sich nicht. Klare Aussagen – auch wenn sie mitunter einen negativen Beiklang haben – kommen immer besser an als ellenlange Abschweifungen mit dem Ziel, einen klaren Sachverhalt zu verschleiern. Verzichten Sie also auf mühselige Erklärungen, warum das verfehlte Betriebsergebnis in diesem Jahr keinem Managementfehler, sondern der lahmenden Weltwirtschaft zu verdanken ist. Denken Sie immer daran: Kein PR-Berater kann einer Person, einem Unternehmen oder einem Produkt mit einer Pressemitteilung einfach ein Image verordnen. „Die Leute sind verdammt smart", sagte Präsidentenberater Karl Rove. Der Spielraum, den Sie als PR-Berater oder Pressesprecher haben, ist der, die Fakten glaubwürdig zu präsentieren – und Schwächen nicht unbedingt ins Rampenlicht zu heben.

Seien sie vorbereitet. Auf alles. Planen und denken Sie gerade bei wichtigen Themen immer mehrere Schritte im Voraus – auch die positivste Angelegenheit kann unvermittelt eine negative Wendung bekommen. Beispiel amerikanischer Wahlkampf: Nachdem die Demokraten John Kerry als heldenhaften Vietnamkriegsoffizier präsentiert hatten, antworteten die Republikaner mit (zugegebenermaßen äußerst fragwürdigen) Belegen und Zeugen, die dieses Heldentum anzweifelten. Die Antwort von Kerrys Wahlkampfmanagern auf diese Vorwürfe: Schweigen.

Ein neuer Blick auf die tägliche Pressearbeit

Jeder, der in Public Relations arbeitet – egal, ob in einer Agentur oder in einem Unternehmen –, kennt die klassische Aufgabenstellung: Sie sollen die Medien für ein Allerweltsprodukt (oder gar die schlechte Kopie eines Markenproduktes), für einen hinreichend bekannten Urlaubsort oder für eine Standard-Dienstleistung begeistern. Und Sie sollen natürlich hervorragende Berichterstattung in den Medien auslösen.

Besonders verzwickt ist es, die Medien für eine „neue" Kampagne begeistern zu müssen, hinter der sich in Wahrheit etablierte Marken verbergen, die bereits seit Jahren oder sogar seit Jahrzehnten auf dem Markt und somit hinreichend bekannt sind. Erschwerend kommt in diesem Fall hinzu: Das bestehende Image zu ändern, ihm einen frischen, aktuellen Bezug zu geben, ist weitaus schwieriger, als mit einem neuen Produkt auf den Markt zu kommen – auch wenn es sich dabei allenfalls um eine Kopie handelt. „Alter Wein in neuen Schläuchen", werden Ihre Partner auf Medienseite sagen – und genüsslich die „Delete"-Taste drücken, wenn Ihre Anfrage per E-Mail eintrifft. Mit anderen Worten: Sie rennen gegen eine Wand vorgefertigter Meinungen, die Sie einreißen müssen. Als PR-Profi, der einer solchen Marke neuen medialen Glanz verleihen muss, gilt es ein paar Grundregeln zu beachten.

Praxisbeispiel – die Aufgabe:
Stellen Sie sich vor, Sie sollen PR für die Insel Sylt machen. Nun ist Sylt ganz sicher ein attraktives Reiseziel, aber unter uns: Kennen Sie irgendjemanden, der nicht bereits eine feste Meinung zu Sylt hat? Für die einen ist es „Meer. Leidenschaft. Leben" (Sylt Marketing GmbH) – die schönste Insel Deutschlands. Für die anderen ist es das „Wartezimmer Gottes" und ein Ort, an dem nur Besserverdiener etwas zu suchen haben. Und da haben Sie die Herausforderung. Ihre Aufgabe ist es, die Besucherzahlen auf der Insel zu steigern – aber wie? Wen müssen Sie auf welche Weise ansprechen, damit Sie mit diesem Projekt nicht baden gehen? Wie schaffen Sie es, dass die Reiseseiten der Frankfurter Allgemeinen Zeitung, das Laufmagazin „Running" oder die ADAC Motorwelt gleichermaßen über Ihren Kunden berichten – und Sie damit über einen Kurzbericht im „Trierischen Volksfreund" hinauskommen?

Letztlich läuft in der Kommunikation, in der PR alles darauf hinaus, bestehende Meinungen zu beeinflussen und zu ändern. Genau darin liegt das Problem – aber auch die Lösung nahezu jeder PR-Kampagne. Einer der effektivsten Wege, Meinungen zu beeinflussen, sind persönliche Beziehungen. Je besser es Ihnen gelingt, persönliche Beziehungen zu den Medien aufzubauen und zu pflegen, desto besser werden langfristig die Resultate Ihrer PR-Arbeit sein.

Praxisbeispiel – der falsche Lösungsansatz:
Jeder weiß, dass Pressekonferenzen eine der Routine-PR-Aktionen sind. Vielleicht wäre es also eine gute Idee, mit der Sylt Marketing GmbH die wichtigsten deutschen Großstädte (im Hinblick auf die dort residierenden Medien) jeweils mit einer Pressekonferenz zu beglücken und die örtlichen Journalisten einzuladen? Vergessen Sie's! Wenn Sie die bestehende Meinung zu Ihrem Kunden ändern wollen, werden Sie das nicht mit einer Standard-Pressekonferenz erreichen, die den hinreißenden Titel „Besuchen Sie Sylt!" trägt und zu der Sie eine heterogene Mischung von Medien der jeweiligen Stadt einladen. Mit dieser Art von Veranstaltung werden Sie es nicht schaffen, sich positiv vom Wettbewerb abzusetzen.

Um im Wettbewerb um die Gunst der Medien erfolgreich zu sein, genügt es nicht, immer und immer wieder mit derselben Botschaft vor einen mehr oder minder bunt zusammengewürfelten Haufen von Journalisten zu treten.

Praxisbeispiel – der richtige Lösungsansatz:

Arrangieren Sie stattdessen gezielte Einzelinterviews („one-on-one's") mit den Journalisten, die auf Ihrer Wunschliste stehen. Üblicherweise sollten sich auf dieser Liste mit Top-Kontakten maximal zehn bis fünfzehn Journalisten finden. Vielleicht haben Sie auch noch weitere zehn bis fünfzehn für Sie weniger bedeutende Journalisten, die Sie ebenfalls kontaktieren möchten – das wären dann Ihre „Nachrücker". Anders gesagt:

Die Zeiten von Massenverteilern, mit denen Sie mehrere hundert Medien mit der immer gleichen Botschaft ansprechen, sind lange vorbei. Außerdem wollten Sie doch persönliche Beziehungen aufbauen, oder?

Arbeiten Sie außerdem mit einem lokalen PR-Partner zusammen, der sein Büro in derselben Stadt hat wie Ihre Zielmedien. Erstens kennt sich der PR-Berater vor Ort besser mit der Logistik aus und kann Ihnen daher nicht nur sofort sagen, ob Sie freitag nachmittags am Münchener Ring im Stau stehen werden, sondern er wird Ihnen auch die besten Restaurants rund ums Verlagsgebäude empfehlen können. Was noch wichtiger ist: Der PR-Berater vor Ort kennt (jedenfalls, wenn er gut ist) mehr Details über die Journalisten, mit denen Sie sich treffen wollen. Er kann Ihnen sagen kann, welche Interessen der Journalist hat, was er nicht leiden kann und vielleicht auch, welches Essen er zum Treffen mit Ihnen bevorzugt. Schließlich ist der PR-Berater vor Ort oftmals besser mit den Arbeitsabläufen eines Verlages vertraut, kennt Deadlines und besondere Richtlinien. All das sind wertvolle Informationen, die Ihnen nicht nur helfen, eine erfolgreiche Beziehung zu einem Journalisten aufzubauen, sondern die Ihnen auch Zeit sparen.

Provozieren und „Pitchen"

Wenn Sie die Journalisten schließlich pitchen (also mit dem Ziel ansprechen, einen Bericht zu erreichen), provozieren Sie ruhig mit einem ungewöhnlichen Bild.

Praxisbeispiel – der richtige Lösungsansatz:
Sylt hat in aller Regel kein negatives Image,
das Sie überwinden müssen, sondern eher
ein festgefügtes oder veraltetes. Versuchen
Sie daher die unbekannten Eigenschaften
hervorzuheben und kommen Sie der ADAC
Motorwelt nicht mit: „Sylt hat nette Strände
und kann mit dem Autoreisezug erreicht wer-
den, bitte schreiben Sie über uns." Stattdes-
sen könnte es heißen: „Polizei Westerland
gegen Arschkrampen und WC-Enten: Kart-
Duell auf Sylt" (das sind die tatsächlichen
Namen der Teams des Sylter Team-Kart-
Cup). Oder „Boxengasse statt Inselfeeling
– 5000 Reifen qualmen für 90 Teams".
Kurzum: Denken Sie immer auch daran,
welche Überschrift der spätere Artikel des
Journalisten dann haben soll. Wenn Sie
ein verkrustetes Image aufbrechen wollen,
ist eine Schlagzeile wie „Sylt, wie es Ihre
Großmutter nicht kennt" genau das, was Sie
erreichen möchten.
Mit Ihrem Pitch wollen Sie das Interesse des
Journalisten wecken. Wenn Sie ihn zum Ge-
spräch einladen, muss er denken: „Ich will
mit diesen Verrückten sprechen, die die Po-
lizei von Westerland in Karts über die Insel
rasen lassen."

Der maßgeschneiderte Pitch

Keine Frage, Sie wollen sicherstellen, dass
Sie mit allen Ihren Zielmedien sprechen, und
Interviews vereinbaren. Aber wenn Sie die
Interview-Termine im Kalender haben, geht
die eigentliche Arbeit erst los. Dann nämlich
müssen Sie auch liefern, was Sie verspro-
chen haben. Sie müssen Ihre Geschichte
„verkaufen" – und das erfordert Maßarbeit.

> **Merke**
>
> Ihre Geschichte muss zum Journalisten
> und zum jeweiligen Medium passen
> – sprechen Sie mit jedem Journalisten,
> als ob er Ihr einziger Gesprächspartner
> wäre!

Ihre Geschichte muss zum Journalisten und
zum Medium passen. Auch wenn es mehr
Mühe macht und Zeit kostet, sprechen Sie
mit jedem Journalisten, als ob er Ihr einziger Gesprächspartner für diese Geschichte
wäre – stellen Sie sich auf ihn ein. Wenn Sie
Elternzeitschriften pitchen, dann sprechen
Sie nicht über die tollen Golfplätze und das
Nachtleben auf Sylt, sondern über die Möglichkeiten für Familienurlaub und Kinder.

Sobald Sie wissen, mit welchen Ihrer
Zielmedien Sie Interview-Termine haben,
studieren Sie noch einmal deren letzte Aus-
gaben. Überlegen Sie sich genau, was Sie
anzubieten haben und inwieweit das Thema
ins redaktionelle Konzept passt. Schauen Sie
in den verfügbaren Datenbanken nach oder
„googlen" Sie den Autor, um seine letzten
Artikel nachzulesen, falls Sie das bis dahin
noch nicht getan haben. Für unser Beispiel:
Überlegen Sie sich, wer die Leser der ADAC
Motorwelt sind und was Sie ihnen anzubieten haben. Warum ist Ihre Geschichte nicht
nur interessant, sondern auch eine nützliche
Information?

> **Merke**
>
> Einer der Schlüsselfaktoren für erfolgreiche PR ist die individualisierte Ansprache. Jeder Print-Journalist bekommt am Tag 40–60 Pressemitteilungen auf den Schreibtisch oder in seine E-Mail-Inbox. Verschicken Sie einen Standardpitch und Sie können sicher sein, dass er im (virtuellen oder echten) Mülleimer landet. Der individualisierte Pitch unterscheidet Sie von der Konkurrenz und öffnet Ihnen die Tür zum Gespräch.

Ungezwungen in den Pitch

Wann immer möglich und angemessen, treffen Sie sich mit dem Journalisten in einem ungezwungenen Umfeld. Ein für beide Seiten erfolgreiches und interessantes Gespräch muss nicht immer im Büro stattfinden, wo man durch einen Schreibtisch getrennt ist. Ein gutes Interview kann durchaus informell sein.

Erfahrungsgemäß müssen auch Journalisten irgendwann mal essen, auch wenn sie gerne das Gegenteil behaupten. Nutzen Sie die Gelegenheit und laden Sie zum Mittagessen oder auch nur zum Kaffee ein. Seien Sie darauf gefasst, dass einige Journalisten sich zwar mit Ihnen zum Essen treffen, sich aber nicht einladen lassen. Das ist eine rein professionelle Entscheidung und Sie sollten keine Ablehnung hineininterpretieren. Entscheidend ist, dass Sie damit Zeit und Möglichkeit haben, Ihren Gesprächspartner besser kennen zu lernen. Und wenn Sie jemanden kennen lernen, gelingt es Ihnen eher, sein Interesse zu wecken – womit Sie einem Artikel einen guten Schritt näher gekommen

sind. Auch wenn Sie keinen Abdruck erreichen sollten, haben Sie einen großen Vorteil, weil Sie nun Ihren Gesprächspartner besser kennen und besser wissen, welche Themen erfolgversprechend sind. Sie sollten aber gleichfalls in der Lage sein, in einem informellen Rahmen über andere Themen als nur Ihr aktuelles Anliegen zu sprechen. Geben Sie ruhig auch dem persönlichen Gespräch eine Chance. Vielleicht haben Sie gemeinsame Themen wie Sport, Hobbys oder Kinder, die sich bei der weiteren Vertiefung des Kontakts immer wieder als gute „Ice-Breaker" eignen.

Vernachlässigen Sie die „Kleinen" nicht

Im PR- und Mediengeschäft gilt eine Regel ganz besonders, die auch in anderen Berufszweigen Gültigkeit hat: Die Welt ist klein und man trifft sich immer zweimal. Denken Sie daran, wenn Sie mit einem „festen Freien" oder einem jungen Redakteur arbeiten. Sie wissen nie, für welche Publikation er außerdem noch schreibt oder zukünftig schreiben wird. Die Anfrage des Höchster Kreisblattes, die Sie heute zuvorkommend beantworten, kann Ihnen morgen einen Artikel in der Wirtschaftswoche sichern.

> **Merke**
>
> Behandeln Sie alle Ihre Gesprächspartner mit Professionalität und Respekt – und Sie können sich langfristig auf ein gutes und funktionierendes Netzwerk verlassen.

Blitz-Guide für den Umgang mit Kritik

Jeder PR-Berater kennt die kritische Situationen, in der ein Kunde oder Vorgesetzter unzufrieden mit der Berichterstattung ist, weil der betreffende Journalist doch glatt eine von sieben Kernbotschaften, die ihm so warm ans Herz gelegt wurden, nicht in seinem kurzen Artikel verarbeitet hat. Das ist ohne Frage ärgerlich, aber auch Teil des Tagesgeschäfts. Schließlich ist der Journalist kein Sprachrohr des Unternehmens, sondern soll kritische Distanz wahren und nicht einfach nur wiedergeben, was ihm vorgesetzt wurde. Was aber, wenn ein Journalist in seinem Artikel ein Unternehmen so richtig durch den Kakao zieht, und Sie wirklich Grund haben, besorgt und ärgerlich zu sein? Etwa weil der Artikel spürbare Konsequenzen auf die Innen- und Außenwirkung des Unternehmens hat? Wie gehen Sie mit dem Journalisten um, der den Artikel geschrieben hat? Ignorieren? Verfluchen? Bestechen?

Die Antwort ist, dass keine pauschale Regel für solche Fälle existiert, die alle Eventualitäten abdeckt. Aber es gibt durchaus ein paar Richtlinien, die Ihnen helfen, langfristig gute Beziehungen zu den Medien zu etablieren, ohne Brücken abzubrechen.

Praxistipp:

Checkbox – 7 Regeln für den Umgang mit kritischer Berichterstattung

Nicht unsichtbar werden!

Wenn man sich unverstanden oder verletzt fühlt, ist es eine natürliche Reaktion, sich einzuigel und den Kontakt zu vermeiden. Wenn Sie erfolgreich mit den Medien arbeiten wollen, müssen Sie allerdings genau das Gegenteil tun! Suchen Sie das Gespräch, intensivieren Sie den Kontakt und verbessern Sie das Verständnis für Ihre Sichtweise. Bieten Sie hochrangige Unternehmensvertreter als Gesprächspartner an – und seien Sie nicht fixiert auf einen einzelnen (negativen) Artikel.

Nur nicht persönlich werden!

Wenn jemand mit einem Artikel aus irgendwelchen Gründen nicht einverstanden ist, dann haben die Redaktionen zumeist ein offenes Ohr dafür. Wenn Sie berechtigte (das heißt: sachliche) Argumente gegen den Inhalt eines Artikels haben, wird kaum ein Reporter etwas einwenden, wenn Sie ihm diese Argumente mitteilen. Wenn Sie sich jedoch danebenbenehmen, erreichen Sie gar nichts. Werden Sie keinesfalls persönlich, unterstellen Sie nichts und vermeiden Sie Zwischentöne oder Bemerkungen „zwischen den Zeilen". Wenn Sie die Integrität oder Kompetenz eines Journalisten in Frage stellen, nehmen Sie sich auf einen Schlag alle Möglichkeiten für eine künftige nutzbringende Zusammenarbeit.

Führen Sie sich vor Augen, wie Redaktionen arbeiten.

Redakteure arbeiten unter Termindruck und versuchen, eine interessante Geschichte in einem kurzen Zeitraum so gut und umfassend wie möglich darzustellen. Der Redakteur hat (in aller Regel) nicht wochenlang Zeit zur Recherche oder dazu, umfassend alle Standpunkte im Detail zu beleuchten – auch wenn er es meist versuchen wird. Jeder PR-Berater muss mit der Tatsache leben, dass ein Journalist nicht jede denkbare Quelle zu einem Thema befragen kann.

Nehmen Sie das Beste an!

Auch wenn die Legenden es anders wollen: Journalisten sind nicht böse! Wenn ein Redakteur etwas schreibt, was so nicht stimmt, dann meist aus einem simplen Grund: Er wusste es nicht besser. Vermuten Sie keine böse Absicht dahinter, sondern nehmen Sie an, dass schlicht und einfach etwas übersehen wurde. Überlegen Sie, wie sie in Zukunft besser und fundierter zusammenarbeiten können.

Schauen Sie nach vorne!

Bieten Sie sich als Informationsquelle für kommende Artikel an. Seien Sie pro-aktiv! Wenn ein Journalist einen Artikel zu Ihrer Branche, Ihrem Gebiet veröffentlicht hat, ohne Sie zu befragen, kann das auch heißen, dass Sie zuvor Ihre Zielmedien nicht aktiv genug kontaktiert haben, denn sonst hätte er sich ja an Sie erinnert. Seien Sie kooperativ und professionell – und legen Sie den Artikel, der erschienen ist (und den Sie nicht mehr ändern können), zu den Akten.

Bleiben Sie am Ball – und werden Sie nicht verbissen!

Journalisten merken es sich, wer sie kontinuierlich mit relevanten und guten Informationen versorgt – und diese Kontinuität ist ein sicherer Weg zu einer guten beruflichen Beziehung. Seien Sie freundlich und präsent, verfolgen Sie, worüber Ihre Zieljournalisten schreiben, und bieten Sie gute Themen an, die dazu passen. Es wird sich auszahlen.

Recherchieren Sie erst – und rufen Sie dann an!
Sicherlich einer der besten Wege, mit einem Journalisten ins Gespräch zu kommen, ist, ihm eine gute und aktuelle Idee für eine Geschichte anzubieten. Seien Sie flexibel und recherchieren Sie in Datenbanken (etwa LexisNexis), worüber ein Journalist bereits geschrieben hat. Googlen Sie Ihre Journalisten. Es gibt nichts Schlimmeres, als aus Unkenntnis eine Geschichte anzubieten, über die eine Publikation schon hundertmal berichtet hat. Wenn Sie dagegen einen besonders interessanten Ansatzpunkt oder wirklich neue Erkenntnisse zu einer früheren Geschichte haben, wird ihnen jeder Journalist zumindest zuhören.

Gute, alte Pressemitteilung

Wenn Sie einen x-beliebigen Journalisten nach seiner Meinung zu Pressemitteilungen fragen, werden Sie in aller Regel wenig Schmeichelhaftes hören. Das ist für jemanden, der in Public Relations arbeitet, natürlich ein herber Schlag. Ist dieser Journalist ein verlorener Fall? Wird er später einmal in einer Hölle schmoren, in der es weder Stifte noch Papier oder Computer gibt, und wird er (Strafe aller Strafen) in dieser Hölle von den PR-Agenturen dieser Welt gemieden werden und sich alle Nachrichten selbst mühsam recherchieren müssen?

Mitnichten. Er ist wahrscheinlich ein ganz netter Kerl, und auch wenn er nicht ganz sündenfrei ist, ist es wenig wahrscheinlich, dass er im Fegefeuer landet. Woher dann aber diese Abneigung gegenüber Pressemitteilungen?

Pressemitteilungen an sich können immer nur ein Teil einer PR- und Kommunikationsstrategie sein, und die allermeisten Pressemitteilungen sind bei näherem Hinsehen in der Tat nicht besonders interessant, vielfach schlecht geschrieben und nicht wirklich auf den Journalisten ausgerichtet,

an den sie geschickt wurden. Und doch ist die Pressemitteilung der Klassiker in der Werkzeugkiste des PR-Handwerkers, quasi der UHU-Alleskleber für Papier, Leder, Glas und Stein. Zugegeben, nicht immer mit ganz optimalem und dauerhaftem Ergebnis, aber man hat's wenigstens versucht.

PR-Leute werden oft danach gemessen, wie viele Abdrucke sie erzielen. Vereinfacht gesagt: Der Boss meint, dass es bei PR darum geht, eine Pressemitteilung in einer Zeitschrift zu platzieren. Eine einfache Aufgabe, also wo liegt das Problem? Obwohl dies zwar nicht komplett falsch ist, ist es doch der falsche Ansatz. Denn bei Public Relations geht es im ersten Schritt vielfach darum, die richtigen Beziehungen zu etablieren – danach können Sie dann mit Ihrer Pressemitteilung kommen. Wenn Sie denn für das jeweilige Medium passt. Wie aber schaffen Sie es, eine dauerhafte und produktive Beziehung zu Journalisten aufzubauen, wenn nicht mit dem Versenden von Pressmitteilungen?

Die Antwort lautet: Setzen Sie sich genauer mit dem Medium, in das Sie Einlass begehren, auseinander. Zeigen Sie wirkliches

Interesse und bohren Sie nach Informationen, die Ihnen helfen, Ihre Zielmedien zu verstehen. Lesen/sehen/hören Sie nicht nur die Medien, die Sie pitchen, sondern gehen Sie einen Schritt weiter. Schauen Sie sich das Editorial und die Mitarbeiter auf der Website an. Schauen Sie ins Media-Kit einer Publikation, wo sich die Publikation ihren Anzeigenkunden vorstellt. Dort finden Sie Details über die Leserschaft, welcher Journalist welche Themen bearbeitet etc. Wenn das Media-Kit nicht online verfügbar ist, rufen Sie die Redaktion an und lassen Sie sich eines schicken.

Vermutlich werden viele PR-„Fachleute" sagen, dass sie schlicht und einfach nicht die Zeit haben, sich derart intensiv mit der Recherche zu einer einzigen Zeitung oder einem Magazin zu beschäftigen. Das ist ein gutes Argument und in den meisten Fällen ganz sicher wahr. Aber wissen Sie was? Damit sind Sie nicht alleine. Die Journalisten haben nämlich ebenfalls keine Zeit, Pressemitteilungen zu lesen, die für sie nicht wirklich interessant sind. Und damit landet ein Pressemitteilungsfax genauso im Müll wie eine missgeleitete E-Mail zum selben Thema. Sie können noch von Glück reden, wenn Ihre E-Mail-Adresse nicht als Spam kategorisiert wird und in der Folge den Journalisten nie mehr erreicht.

Um derlei zu vermeiden, ist es wichtig, zu verstehen, was Nachrichtenwert hat – und zwar auch außerhalb des Tätigkeitsfeldes Ihres Kunden oder Ihres Unternehmens.

Praxistipp:
Zur Bestimmung des Nachrichtenwertes einer Meldung gibt es zwar keine har-ten Indikatoren, aber durchaus Richtlinien!

Aktualität: Letztlich geht es einem Journalisten immer um Aktualität, denn je näher er dran ist am Geschehen und an den aktuellen Entwicklungen, desto besser macht er seinen Job und informiert seine Leser. Und: Auch unter Journalisten gibt es Konkurrenz. Je aktueller eine Meldung, desto größer die Chance, dass man eine Story hat, über welche im Konkurrenzblatt noch nicht berichtet wurde. Mit anderen Worten: Wenn Sie eine Meldung/Story ohne Verfallsdatum, aber eben auch ohne aktuellen Bezug anzubie-ten haben, stehen die Chancen gut, dass die Geschichte in der Ablage landet und wieder rausgekramt wird, wenn gerade Sauregurkenzeit ist. Und wenn Sie eine Story zu einem Produkt anbieten, das es schon eine Weile gibt, das aber gerade zum achten Mal verfei-nert wurde – machen Sie sich besser nicht zu viele Hoffnungen.

Menschelt's? Eine Pressemitteilung, die einen direkten Bezug zum Menschen, zum Leser hat, ist immer ein hervorragender Weg, um das Interesse eines Journalisten zu we-cken. Und dabei dürfen Sie auch mal wie beim Billard „tricky über Bande spielen". Etwa, indem Sie eine Meldung anbieten, mit der der Journalist seinen Lesern einen nützlichen Service anbietet. Das ist auch bei scheinbar „trockenen" Themen gar nicht so schwer. Wenn Sie beispielsweise für eine Firma im Bereich Antiviren-Software arbeiten, kön-nen Sie bei jedem Update Ihrer Software Pressemitteilungen darüber verschicken, wie erstklassig Ihr Produkt einen PC schützt – und diese Meldung mit dem aktuellen Update verbinden. Auch wenn es nicht besonders einfallsreich ist: Einen solchen Ansatz können Sie praktisch wiederholen, bis Sie 65 sind. Ein kreativerer Ansatz sieht so aus: Schreiben Sie eine Meldung, in der Sie in fünf Stichpunkten die besten Wege zum Schutz eines PCs vor Viren skizzieren. Ihre Technologie darf durchaus darin auftauchen. Die Meldung sollte nicht ausschließlich um Ihr Unternehmen kreisen – der Nutzen für den Leser wird das Interesse des Journalisten nicht verfehlen.

Relevanz: Ihre Pressemitteilung muss auch die Relevanz Ihres Produkts für die jeweilige Leserschaft beschreiben. Das bedeutet, dass Sie möglichst elegant erklären sollten, wie sich Ihr Produkt positiv auf den Leser auswirkt und warum das so ist. Dazu müssen Sie natürlich Themen erkennen, die mit Ihrem Produkt zusammenhängen und dabei für den Leser von Interesse sind. Ein zeitloser Klassiker ist der schnöde Mammon. Um im vorangegangenen Beispiel zu bleiben: Wenn Sie es schaffen, zu erklären, wie Ihre Virus-Software nicht nur den PC schützt, sondern dem Anwender auch Geld spart, sind Sie so gut wie drin. In unserem Beispiel könnten Sie mit einem Markt-Analysten sprechen. Dieser nennt Ihnen Zahlen, wie viel Zeit, Produktivität und Geld jedes Jahr in Deutschlands privaten Haushalten oder Firmen durch Viren und unzureichend geschütz-te PCs vernichtet wird – eben weil die Hardware nicht benutzt werden kann oder weil Anwender Stunden oder Tage auf die Wiederherstellung ihrer Daten verwenden müssen. Noch besser: Es gelingt Ihnen, kurz und knapp die Verbindung von Ihrem Produkt zu den fünf sichersten Wegen zu schnellem Reichtum und ewiger Jugend zu beschreiben. Sie werden sich vor Abdrucken und Interview-Anfragen kaum retten können!

Todsünde Nr. 2:
„Reden statt argumentieren"
– Wenn PR-Leute sich zwar
als Kommunikationsmanager
bezeichnen, aber nicht wirklich
kommunizieren

PR bedeutet „Meinungen machen"! Und das heißt: Machen Sie bei jeder sich bietenden Gelegenheit auf Ihre Positionen aufmerksam – notfalls auch ohne echte Argumente. Abdrucke (*viele* Abdrucke) sind immer das Ergebnis von vielen Pressemitteilungen. Was Sie in diesen Presseinfos sagen, ist zwar nicht völlig ohne Belang, aber Hauptsache, die Geschichten werden häufig genug unters Volk gebracht. Die Masse macht's. Wenn dabei auch Medienvertreter unter die Räder kommen, die keine Verwendung für Ihre Infos haben – wen schert's? Es heißt schließlich Pressesprecher und nicht Pressezuhörer.

3. Fernsehen, Print, Online – Alles über den PR-Maßanzug

Die zwei häufigsten Gründe, warum eine Pressemitteilung es in die (Print-)Medien schafft, lauten:

■ das beigelegte Bild war gut oder

■ der Journalist kannte das Thema.

Kaum ein Journalist macht sich die Mühe, Pressemitteilungen zu lesen – also richtiggehend durchzulesen. Dafür gibt es einfach zu viele – und vor allem zu viele, die so beginnen: „In unserer unverändert angespannten wirtschaftlichen Lage haben jene Firmen die größten Erfolgsaussichten, die mit ausgereiften Konzepten wirksame Lösungen anbieten." Dieser „spannende" Einleitungssatz ist keineswegs ausgedacht, sondern real existierendes, schlechtes Beispiel für eine Presseinfo, die nicht nur gleich im Papierkorb landet, sondern auch die Ursache dafür ist, dass PR-Leute bei Journalisten häufig einen miserablen Ruf weg haben. „One size fits all": Maßgeschneiderte Lösungen sind in der PR selten anzutreffen. Häufig werden News im Standardmaß angefertigt und dann ohne Rücksicht auf die unterschiedlichen Bedürfnisse der Journalisten bei Print, Online, TV etc. verschickt. Das ist erstaunlich. Denn eine Presseinfo, mit der ein Journalist bei einem Online-Magazin arbeiten kann, ist für einen TV-Redakteur nicht selten ohne jeden Wert. Ebenfalls unbeachtet bleibt häufig die Tatsache, dass man als PR-Berater mit dem Journalisten eines Fachmagazins anders kommuniziert als beispielsweise mit dem Feuilleton-Redakteur von der FAZ – oder gar dem Schreiber eines wichtigen Blogs. Im Marketing hat sich immerhin schon die Erkenntnis durchgesetzt, dass es „den Konsumenten" in einer Art Standardausführung nicht gibt. Genau so wenig wie „die Medien".

Was tun? Beginnen wir mit der Herausforderung schlechthin ...

„Bild und Glotze – mehr brauche ich nicht"

Gerhard Schröder hat plastisch formuliert, was in vielen PR-Agenturen und Unternehmenspressestellen gerahmt an der Wand hängt: Präsenz im Fernsehen ist (neben der „Bild"-Zeitung, aber darüber lässt sich streiten) gleichbedeutend mit dem Olymp. TV-PR stellt für die meisten Unternehmen und die für sie arbeitenden Kommunikationsberater nicht selten die größte Herausforderung dar und verspricht im Erfolgsfall den größten Ruhm. Was ist schon ein halbseitiger Bericht in der Lokalzeitung oder eine Reportage in einem Branchenmagazin gegen einen gut ausgeleuchteten Geschäftsführer, der vor der Kamera mit prächtigen Geschäftszahlen glänzt? Dabei ist die günstige Darstellung des Unternehmens nach außen nur einer der Effekte, die erfolgreiche TV-Medienarbeit erzielt.

Merke

Erfolgreiche Fernseh-PR hat positive Auswirkungen auf ...

■ ...die eigenen Mitarbeiter, wenn sie „ihre Firma", „ihre Arbeit" oder „ihr Projekt" im Fernsehen portraitiert sehen. Das schafft ein Maß an Identifikation und Loyalität mit dem Arbeitgeber, das seinesgleichen sucht.

■ ... die Personalabteilung, die Ihnen einen gut platzierten, positiven Beitrag danken wird, denn derlei bringt neue Bewerber mit sich.

■ ... den Vertrieb, denn ein guter TV-Beitrag macht es Ihrem Außendienst leichter, das Produkt erfolgreich an den Kunden zu bringen.

■ ... das Corporate Image – und zwar unmittelbar! Denn ein TV-Beitrag lässt sich wunderbar auf der Firmen-Website verwenden. Für Interessenten und Medien dort zum Download hinterlegt, tut der Bericht dort auch eine ganze Weile nach seiner Ausstrahlung seinen Dienst.

Tatsächlich beißen sich PR-Berater an Fernseh-PR jedoch am häufigsten die Zähne aus. Die interessante Frage lautet folglich: Wie generiert man erfolgreich TV-Präsenz, wenn man nicht gerade Bundeskanzler oder Britney Spears ist?

Praxisbeispiel:

Die häufigsten Gründe, warum sich PR-Profis (und deren Kunden) nicht an das Medium Fernsehen herantrauen, sind:

■ *Ein (vermeintlicher oder echter) Mangel an tragfähigen Themen: „Sind Sie sicher, dass wir damit eine TV-Redaktion begeistern können?"*

■ *Hohe Kosten: „Fernsehen – das ist zu teuer für uns/Passt nicht in unser Budget!"*

■ *Der „Fear-Factor": „Ist TV nicht ein zu schwieriges Medium? Kommen wir mit den ungewohnten Verfahrensweisen klar?"*

Wie zerstreut man diese Bedenken? Die Antwort ist leicht: Die Masse macht's! Fernsehen ist noch immer das Medium mit der höchsten Reichweite. 97 Prozent aller Bundesbürger (14–49) sind über das Fernsehen zu erreichen, bei den 14- bis 29-Jährigen sind es sogar knapp 100 Prozent. Bei solchen Zahlen kann man sich keine wirklich guten Gründe vorstellen, die gegen TV-PR sprechen.

TV ist anders – Fernsehregeln

Wer mit dem Medium Fernsehen erfolgreiche PR betreiben will, muss verstehen, wie dort die Entscheidungen für beziehungsweise gegen bestimmte Beiträge getroffen werden. Im Klartext heißt das, dass Sie wie ein Redaktionsleiter oder Produzent denken müssen, um Ihre Idee oder Ihren Beitrag platzieren zu können.

Praxistipp

Wenn Sie mit erfahrenen Fernsehprodu-
zenten und Reportern sprechen, werden
sie immer wieder ein paar Schlüsselkri-
terien hören, die einen möglichen (oder
abgelehnten) Beitrag von einem erfolgreichen (und damit gesendeten) Beitrag
unterscheiden:

■ Hat die Story wirtschaftlichen Einfluss
auf den Markt des jeweiligen Unternehmens oder Produkts?

■ Innovation: Handelt es sich um etwas
Neues oder sogar Einzigartiges?

■ Hat die Story eine besondere Bedeutung für den einzelnen Zuschauer oder
den Markt?

■ Gibt es brauchbares Videomaterial
und gute „Visuals"?

■ Beleuchtet der Beitrag ein potentielles
Drama oder kontroverse Standpunkte?

■ Hat der Beitrag einen „human angle"
– also einen direkten Bezug zu den
Menschen, die ihn dann im Fernsehen
sehen?

Wenn Sie die Mehrzahl dieser Fragen mit
einem klaren „Ja" beantworten können,
sind Sie schon so gut wie auf Sendung!

TV-PR steht und fällt mit dem handwerk-
lichen Teil und ist ohne geeignetes Fern-
seh-Material verhältnismäßig aussichtslos.
Oder positiv formuliert: Ein sauber erstelltes
Electronic Press Kit (EPK), ein Video News
Release (VNR) oder eine B-Roll sind für
Fernsehgeschichten der beste (und oftmals
einzige) Door-Opener. EPK, VNR und B-
Roll sind gleichbedeutend mit geeignetem
Bildmaterial. Zunächst zur technischen
Seite: Lieblingsformat der Fernsehjourna-
listen ist immer noch das gute alte Betacam

SP oder Betacam Digital. Erst an zweiter
Stelle steht die DVD. Umständlicher (aber
in Ausnahmesituationen auch möglich) ist
Mini DV. Neben diesen herkömmlichen
Methoden der Verbreitung gibt es noch zwei
weitere, die mit zunehmender Digitalisie-
rung Verbreitung finden:

■ die Ausstrahlung über Satellit, wobei das
Bildmaterial direkt in den Nachrichtenraum
gesendet wird

■ und der Download via Internet, bei dem
sich der Sender die Bilder auf den Rechner
des Senders herunterlädt.

Letzteres ist allerdings wegen der Möglichkeit, dass auch Viren übertragen werden,
nicht ganz unproblematisch und nicht immer willkommen. Vergleichbare Bedenken
finden Sie bei Print-Journalisten, die (E-
Mail-)Pressemitteilungen nur ungern als
Attachment annehmen.

So viel zum technischen Aspekt, der im
Prinzip am leichtesten umzusetzen ist. Hei-
kel wird es häufig bei den Inhalten. Denn
„sauber erstellt" bedeutet das Gegenteil von
„werblich".

Merke

Lassen Sie EPKs keinesfalls von Werbe-
filmern, sondern unbedingt von (ehemaligen) Fernsehjournalisten produzieren.
Die haben nämlich den richtigen Blick
dafür, was in den Redaktionen ankommt
und was nicht.

Das Electronic Press Kit

Ein schlechtes Beispiel für EPKs etwa sind jene Industriefilme, die für Imagezwecke (etwa zum Vorführen auf Messen) angefertigt wurden und denen man fast immer ansieht, dass sie nicht als Arbeitsmittel für Journalisten gedacht sind, sondern in erster Linie ihren Auftraggebern schmeicheln sollen. Was auf dem Messestand Interessenten und Kunden anlocken und sich als Schmiermittel für Verkaufsgespräche eignen soll, ist kaum brauchbares Material für Fernsehjournalisten.

Ein gutes EPK ist kein bis ins letzte Detail fertig produzierter Bericht, sondern besteht entweder aus Rohschnittmaterial oder Bildern, die sich der Fernsehredakteur bei Bedarf noch zum guten Teil selbst zurechtschneiden kann, um sie seinem eigenen Format anzupassen.

Praxistipp

So sollte ein gutes EPK angefertigt sein

▪ Untertitel sind tabu (jede Redaktion verwendet andere Schriften), ebenso wie Kommentare aus dem Off.

▪ Eine übersichtliche und sekundengenaue „Playlist", die Auskunft darüber gibt, was auf dem Band wo zu finden ist, gehört dazu.

▪ Ganz wichtig: O-Töne inklusive der dazugehörigen Menschen (keinesfalls aus dem Off).

Mit professionell produziertem EPK-Material ist TV-PR ein verblüffend leichtes Spiel. Grund: In Zeiten chronisch knapper Kassen und nicht ganz einfacher wirtschaftlicher Zeiten müssen die Redaktionen an Personal sparen. Im Umkehrschluss sparen die Sender und Redaktionen also Zeit und Geld, wenn sie auf vorproduziertes Material zurückgreifen können – so es denn den gängigen Qualitätsstandards entspricht. Und eine spannende Story enthält.

Womit wir auch schon beim wichtigsten Punkt wären: dem Inhalt. Der PR-Erfolg, den Sie mit einem EPK erzielen, hängt natürlich in erster Linie von den Bildern ab. Bestes Beispiel dafür sind die mit schöner Regelmäßigkeit wiederkehrenden Beiträge über Dominostein-Wettbewerbe. Nachrichtenwert: Null. Bildwert: Unbezahlbar – denn wer schaut nicht gerne zu, wenn minutenlang tausende von Dominosteinen umfallen und dabei Brücken erklimmen oder Lichter anknipsen?

Wie Sie den geeigneten Aufhänger für ein Thema finden, wurde ja bereits im vorangegangenen Kapitel beschrieben. Aber wie verpackt man einen interessanten Anlass in nicht minder interessante Bilder? Beispiel: Ihr Auftraggeber hat einen die Welt verändernden Durchbruch im Bereich der Mikroelektronik erzielt. Wie setzt man dergleichen ansprechend in Szene, ohne die in dem Falle nahe liegenden Bilder von im Aufnahmelicht spiegelnden Siliziumchips zu machen?

Ideal: Sie rücken Anwendungsbeispiele in den Vordergrund, die nicht alltäglich sind. Das kann alles Mögliche sein – Hauptsache, das Produkt lässt sich damit sinnvoll in Verbindung bringen. Wie bereits im vorangegangenen Kapitel beschrieben, sind hier außergewöhnliche Sichtweisen der Schlüssel zum Erfolg und zur Zustimmung des Journalisten.

Praxisbeispiel:

Welche Ansätze geben gute Bilder für Fernseh-PR her? Zum Beispiel ein GPRS-Chip, mit dem sich nicht nur Autos navigieren, sondern auch streunende Haustiere überwachen lassen. Ein Unternehmen, das mit seiner Steuerungstechnik nicht nur Logistikzentren, sondern auch Sessellifte in den Alpen betreibt. Ein Beratungsunternehmen, das nicht nur Industrieunternehmen berät, sondern auch einen Vergnügungspark zu seinen Kunden zählt. Ein Unternehmen, das einen Chip produziert, der in Messgeräten für Alkohol im Atem eingesetzt wird – ein idealer Beitrag für die Zeit um Silvester oder in den „närrischen Tagen"!

Voraussetzung zum Aufspüren erfolgreicher Ansätze: Sie kennen das Unternehmen, für das Sie arbeiten, und die Märkte, in denen es tätig ist, aufs Genaueste und finden idealerweise sogar noch einen aktuellen Anlass.

Prominente und Stars

Eine weniger ideale (und zudem selten preiswerte) Lösung ist die Sache mit den Promis. Und die funktioniert so: Sie haben ein x-beliebiges Produkt oder Unternehmen

mit keinem bis geringem Nachrichtenwert und suchen nach einem geeigneten visuellen Aufhänger. Kurz gesagt: Nach etwas, dass die TV-Redaktionen einfach nehmen müssen. Was wäre da naheliegender, als einen Prominenten zu mieten? Auf den ersten Blick nichts, denn die Masche „Bekanntes Gesicht als Eintrittskarte in den PR-Olymp" funktioniert tatsächlich so gut wie immer. Der Aussicht auf Erfolg steht allerdings ein mindestens ebenso großes Risiko gegenüber: Das Produkt oder Unternehmen, um das es geht, verbrennt im Glanz des Prominenten zu einem unscheinbaren Häuflein Asche.

Praxisbeispiel:

Angenommen, Sie sollen PR für einen Hersteller von Antiviren- und Kindersicherheits-Software fürs Internet machen. Das Produkt, um das es sich handelt, ist technisch famos, allerdings nichts wirklich Neues und hat vor allem einen entscheidenden Makel: Ihm fehlt eine klare (für die PR besonders wichtige) „Unique Selling Proposition" (USP), auf Deutsch also ein möglichst spannendes Alleinstellungsmerkmal, das Sie nehmen könnten, um der Presse zu sagen: „Das ist einmalig, das haben nur wir!" Tatsächlich tummelt sich die Software mit wenigstens einem halben Dutzend weiterer, absolut vergleichbarer Wettbewerber im Markt. Mehr als die üblichen Besprechungen in Branchen- und Fachmagazinen sowie Vergleichstests in der Publikumspresse scheinen folglich nicht möglich zu sein. Da das ehrgeizige Ziel jedoch „TV-Präsenz" lautet, muss ein Kniff her. Und der ist schnell gefunden: Sie nehmen einen deutschen Schau-

spieler, Fernsehmoderator oder Sportler, der auch in der Rolle des Familienvaters über einige Glaubwürdigkeit verfügt, sagen wir mal einen Typ wie Jürgen Klinsmann. Mit diesem „Testimonial", wie man in der Werbung auch sagt, produzieren Sie einen Beitrag zum Thema „Sicher surfen im Internet – mit der richtigen Software schützt Jürgen Klinsmann seine Kinder". Mit dabei: ein paar launig-menschliche Einblicke ins Familienleben des Fußballstars, ein Schuss Netz-Grusel, bestehend aus den Gefahren, die dort lauern, sowie geschickt einmontierte Produktreferenzen. Anschließend kopieren Sie den Beitrag ein Dutzend mal, versehen ihn mit den nötigen Infos und senden ihn an eine Auswahl passender TV-Redaktionen und Produktionsgesellschaften. Was soll da schon passieren?

Zum Beispiel das hier: Ein gestresster TV-Redakteur schneidet das Material mehr oder weniger komplett um, so dass in der Endfassung ein Bericht „Bei Jürgen Klinsmann zu Hause – der sympathische Star und seine Kinder" über die Mattscheiben flimmert, bei dem Ihr Produkt nur am Rande oder schlimmstenfalls gar nicht vorkommt. Oder: Klinsmann surft zwar wie ein Weltmeister im Internet, und auch das Produktlogo ist schön oft im Bild, aber am Ende bleibt bei den Zuschauern einzig und alleine die Botschaft „Klinsmann ist ein Internet-Freak" hängen. An das Produkt, um das es eigentlich geht, erinnert sich niemand. Tagelanger Drehaufwand, eine Mördergage für Klinsi, Ihr eigener Ruf als PR-Profi – alles futsch.

Missgeschicke mit Promis

Achten Sie auf folgende Dinge:

▪ Zunächst einmal müssen Promi und Produkt in einem sinnvollen redaktionellen Zusammenhang stehen. Die Faustregel „Je bekannter, desto besser", die gemeinhin in der Werbung gilt, wird abgelöst durch „Je nachvollziehbarer, desto besser". Im günstigsten Fall macht der Beitrag erst durch die Verknüpfung von Promi und Produkt richtig Sinn. Beispiel: Es geht Ihnen um eine neue Musiksoftware zum Erstellen von eigenen Samples und Soundtracks. Mit ins PR-Boot nehmen Sie einen deutschen Hip-Hop-Musiker, der gerade in den Charts ist. Keinen Mega-Star, aber einen bekannten und gleichzeitig glaubwürdigen Vertreter der Szene. Das funktioniert. Warum? Weil ein solcher Promi den „Würde er wirklich?"-Test bestünde.

▪ Stärker denn je gilt hier: Lassen Sie einen Fernsehprofi sicherstellen, dass das Produkt thematisch sinnvoll ins Bild und in den Gesamtkontext gerückt wird. Das Markenlogo sekundenlang aus der Halbtotalen abgefilmt und beschwörende Botschaften aus dem Off mögen zwar dem Marketingleiter gefallen, für einen TV-Bericht sind derlei Einstellungen aber nicht zu gebrauchen.

▪ Halbe Sachen schaden mehr, als dass sie nützen. Einen B- oder gar C-Promi zu nehmen, weil das Budget für den Idealkandidaten nicht reicht, ist rausgeworfenes Geld. Ein gutes EPK schlägt je nach Aufwand mit (grob geschätzt) zwei- bis fünftausend Euro zu Buche. Die Kosten für Ihr Testimonial sind da noch nicht mit eingerechnet.

Im Vordergrund sollte bei der ganzen Sache folglich stets das stehen, was man als Authentizität bezeichnet. Wenn ein Mensch, den viele andere Menschen kennen, vor der Kamera seiner ehrlichen Leidenschaft für ein bestimmtes Produkt Ausdruck verleiht, ist das die halbe Miete. Und um nichts anderes sollte es gehen.

Nach Planung, Dreh und Schnitt (wie gesagt: liefern Sie keine fertigen Werbespots, sondern lassen Sie den TV-Redaktionen genug Raum für eigene, individuelle Anpassungen) geht es an den Aussand. Gerade im TV-Bereich eine besondere Herausforderung: Die meisten Magazine und Formate werden im Auftrag der Sender von einer Vielzahl TV-Produktionsgesellschaften betreut und erstellt. Es hat folglich wenig Sinn, ein EPK einfach an „RTL, Redaktion Explosiv" zu schicken. Und Sie pitchen ganz sicher auch nicht den Moderator, den Sie später auf dem Bildschirm sehen, sondern den Produzenten, Regisseur oder Redaktionsleiter.

Stellen Sie sicher, dass in Ihrem Verteiler die richtigen Ansprechpartner innerhalb der zersplitterten TV-Produktions-Landschaft zu finden sind.

Ebenso wichtig beim Pitchen (also Ansprechen) von TV-Medien ist es, die Bildsprache des Fernsehens zu kennen und zu benutzen. So sollten Sie verstehen, dass ein Electronic Press Kit (EPK) die TV-Fassung einer Pressemappe ist und damit nicht nur eine Meldung enthalten sollte, sondern auch elektronisch aufbereitete Basis- und Hintergrundinformationen über das Unternehmen, von dem es kommt. Das Video News Release dagegen ist das Gegenstück zur Pressemitteilung; es besteht aus einer aufbereiteten Meldung und stellt eine Unternehmens- oder Produktnachricht für TV-Medien dar – aufbereitet auf Video. Schließlich gibt es noch die B-Roll, die lediglich Bildmaterial und O-Töne zur Verfügung stellt und damit das klassische Rohschnittmaterial ist. Die B-Roll ermöglicht es dem Reporter, seinen Beitrag selber zu entwickeln, selber zu kommentieren und die Bilder nach eigenem Ermessen zu schneiden und zu nutzen.

Merke

Gerade bei Fernseh-PR entscheidet über Erfolg oder Misserfolg nicht selten die Frage, ob das EPK auch beim richtigen Redakteur auf dem Schreibtisch landet – und nicht etwa bei der Aushilfssekretärin.

Praxistipp

Natürlich sollten Sie vorab klären, wann Sie welches der oben genannten Materialien zum Einsatz bringen.

Das **VNR** ist sicher die bessere Wahl, wenn Sie einen komplizierten wirtschaftlichen, technischen oder auch pharmazeutischen Zusammenhang kommunizieren müssen, wie etwa eine neue Chip-Technologie oder die Zulassung eines neuen Medikaments. Auch wenn Fernsehsender das VNR kaum jemals in voller Länge zeigen werden (wie ja auch Pressemitteilungen in aller Regel nicht voll abgedruckt werden), so ist doch der komplizierte Inhalt im Video erklärt und führt den Journalisten durch die Meldung, so dass er daraus seinen Bericht erstellen kann. Nebenbei bemerkt ist natürlich auch die Gewinnspanne für die durchführende Agentur größer, weil hier mehr Kreativität gefragt ist, die PR- und Fernsehleute sich bezahlen lassen.

Die **B-Roll** dagegen ist praktikabler, schneller zu produzieren (und auch günstiger), wenn Sie zum Beispiel einen Live-Event veranstalten und noch am selben Tag in die Nachrichten möchten. Eine Veranstaltung, die eine Nachricht wert ist und gutes Bildmaterial liefert, ist mit einer B-Roll und einigen O-Tönen/Soundbites gut bedient. Und die B-Roll hat noch einen großen Vorteil: Da sie nicht an eine spezielle Nachricht gebunden ist, altern ihre Bilder nicht so schnell. Folge: Ein Fernsehsender greift für einen Bericht über ein vergleichbares Thema eher auf das vorhandene (also Ihr) Material zurück, als dass er ein Team schickt, um neue Aufnahmen zu machen.

Do's und Dont's – Worauf Sie achten sollten:
Besonders bei der B-Roll sollten Sie auf „NAT-Sound" achten, also eine natürliche Geräuschkulisse. Denn nur mit dem natürlichen Hintergrundton können die Bilder später auch wieder verwendet werden. Schneiden Sie also zum Beispiel nicht die Straßengeräusche heraus, wenn Sie den Firmensitz Ihres Kunden und das Firmenschild für das Band aufnehmen, sonst können Sie die Aufnahmen direkt wegwerfen.

Wenn Sie Interviews auf das Band aufspielen, lassen Sie am Beginn und Ende des Interviews jeweils ein paar Sekunden „Luft", damit der Redakteur den Anfang editieren kann. Und denken Sie daran, ein paar statische Aufnahmen einzubauen, die lediglich kurze, sanfte Schwenks haben.

Do's und Dont's – Was Sie vermeiden sollten:
Wenn Sie ein Band einreichen, das dauernde Sprecherkommentare als „Voice over" (VO) über den Bildern hat, in dem Musik gespielt wird, Grafiken gezeigt werden oder bei dem schnelle, hektische Schwenks die Regel sind, dann haben Sie nicht nur viel Geld verschwendet, sondern sich vielleicht sogar ein paar Feinde in den Redaktionen der Sender gemacht.

Insgesamt ist die Lebenszeit der B-Roll deutlich länger als die 24 Stunden, die ein VNR üblicherweise hat, um gesendet zu werden, bevor es als Nachricht schon wieder veraltet ist. Durch die geringeren Produktionskosten haben Sie bei der B-Roll in aller Regel also auch einen höheren Return on Investment, mal abgesehen von der Tatsache, dass TV-Redakteure B-Rolls im Allgemeinen lieber verwenden.

Üblich beim Versand von teuer und aufwändig produzierten EPKs sind feste Vereinbarungen zu Ausstrahlungen und Exklusivrechten. Wenn Sie einem Sender Material für eine gewisse Zeit oder die Erstausstrahlung exklusiv gewähren, vereinbaren Sie mit diesem auch einen festen Termin zur Sendung und Details dazu, inwieweit das Material umgeschnitten werden darf (oder eben nicht).

Noch einmal zum Stichwort Werbung: Scheuen Sie nicht davor zurück, Ihr EPK den Privaten und Öffentlich-Rechtlichen in unterschiedlicher Aufmachung zu präsentieren. ARD und ZDF sind wesentlich empfindlicher, was aufdringlich präsentierte Produkte betrifft. Auf Etiketten und Playlists gehört deshalb vor allem auch das, was es neben dem Produkt zu sehen gibt.

Vor der Kamera

Jeder, der schon einmal im Fernsehen war und sich (und sein Unternehmen) vor laufender Kamera präsentieren musste, weiß: Fernsehen hat nichts mit der Wirklichkeit zu tun. Fernsehen ist ein Paralleluniversum zu unserer eigentlichen Welt, und alle Regeln, die im wahren Leben gelten, werden im Scheinwerferlicht komplett auf den Kopf gestellt.

Zunächst einmal verändern sich Menschen oft komplett, sobald sie vor einer Kamera stehen. Anfänger werden nervös und zittrig – erstaunlicherweise jedoch nicht wegen der Kameras und dem damit verbundenen Gefühl, sich vor einem Millionenpublikum zu präsentieren und schlimmstenfalls zu entblößen. Unangenehm ist diesen Menschen vielmehr das verblüffende Prüfungsgefühl, das sich in TV-Situationen einstellt. „Ich hatte das Gefühl, als würde ich mein mündliches Abitur wiederholen", gestand eine Pressesprecherin nach einem schwierigen TV-Auftritt einmal. Erstaunlicherweise verschwinden für fast alle Beteiligten in den meisten Fällen die Kameras und auch ein eventuell vorhandenes Publikum nahezu restlos aus dem Blick- und Gedankenfeld – und die Konzentration richtet sich alleine auf den oder die Fragesteller/in und das, was er/sie sagt. Diese klassische Prüfungssituation wird häufig noch dadurch verstärkt, dass die Interviewten das (meist berechtigte) Gefühl haben, jede Antwort müsse auf Anhieb sitzen. Hinzu kommt, dass Profis (und das sind Fernsehjournalisten immer), die eben noch freundlich und entspannt wirkten, vor laufender Kamera plötzlich erkaltete Masken aufsetzen und ihr Gegenüber dadurch nicht selten in voller Absicht komplett verunsichern.

In diesem Buch kann und soll nicht in voller Länge abgehandelt werden, wie man sich am besten vor laufenden Fernsehkameras präsentiert; dafür gibt es entsprechende Fachliteratur, vor allem aber Praxisseminare, in denen TV-Profis ihre PR-Probanden durch sämtliche Höhen und Tiefen der Fernsehpräsentation scheuchen. Doch natürlich seien an dieser Stelle einige Verhaltensregeln im Umgang mit TV-Medien erläutert. Grundsätzlich gilt: Seien Sie gewappnet – Sie müssen sich absolut klar darüber sein, was Sie sagen wollen und welcher Zweck mit Ihrem Auftritt verfolgt wird – von Ihnen und dem Sender.

Live oder aus der Dose?

Eine der Kernfragen bei Radio- oder Fernsehauftritten ist, ob es sich um eine Live-Sendung oder um eine Aufzeichnung handelt. Beide Formen haben klare Vor- und Nachteile. Während manche Menschen bei Live-Interviews nervöser sind, bevorzugen andere die Gelegenheit, Aussagen machen zu können, ohne dass diese vor der Sendung noch verändert werden können. Falls es sich um Live-Nachrichten oder ein Programm über aktuelle Ereignisse handelt, denken Sie daran, dass der Journalist Sie vermutlich bittet, Ihre Standpunkte/Kommentare in einen Zeitraum von maximal 30 Sekunden zu pressen. Hierbei ist – genau wie bei öffentlichen Reden – etwas Nervosität sogar manchmal ganz hilfreich.

Bei einem Interview, dass das Fernsehteam mit Ihnen aufnimmt, um es dann im Studio vor der Sendung zu bearbeiten, gelten noch ein paar andere Regeln. Wichtig ist in diesem Fall, dass Ihre Sätze kurz und prägnant sind – legen Sie sich auf die Fragen, die Sie ohnehin erwarten, also schon passende Antworten zurecht.

Praxistipp

Warum sind kurze Antworten so wichtig? Weil es für (übelmeinende) TV-Redakteure weitaus schwieriger ist, diese in einen anderen Kontext zu pressen und umzuschneiden.

Eine andere hilfreiche Regel ist es, die Frage in Ihrer Antwort nochmals zu wiederholen, so dass später beim Schnitt des Beitrages nicht immer der Reporter eingeblendet sein muss, der Ihnen die Frage stellt, sondern nur Sie. Resultat: Sie bekommen mehr Zeit auf dem Bildschirm.

Praxisbeispiel:
Der Reporter fragt Sie: „Ist die CeBIT eine wichtige Messe für ihr Unternehmen?" Ihre Antwort lautet nicht einfach „Ja". Stattdessen sagen Sie: „Die CeBIT ist für unsere Firma die wichtigste Messe des Jahres, weil wir hier traditionell die meisten Verträge mit Händlern schließen." » Sie können auch noch einen Satz nachlegen, wie zum Beispiel „Die CeBIT ist auch deshalb für uns so wichtig, weil wir hier die wichtigsten Trends fürs kommende Jahr mitbestimmen können."

Einer der wichtigsten Grundsätze für Äußerungen vor der Kamera stammt in Ableitung vom bekannten Medienforscher Marshall McLuhan. Er lautet: Fernsehen ist ein kaltes Medium. Und Hitze und Kälte vertragen sich nicht. Auf einen einfachen Nenner gebracht folgt daraus: Wann immer Sie vor einer Kamera stehen, vermeiden Sie starke Emotionen. Beziehungsweise: Verhindern Sie, dass Ihr Kunde zu emotional wirkt, auch wenn Sie glauben, die Wirkung dieser Gefühlsausbrüche kontrollieren oder gar steuern zu können. Unnahbare Kühle, gar Arroganz ist natürlich ebenso wenig ratsam. Einen ungefähren Anhaltspunkt für die beste Verhaltensweise liefert das klassische Bewerbungsgespräch: Also freundlich wirken, ohne schleimig zu sein, überzeugen, ohne (mehr als notwendig) anzugeben. Und vor allem: den eigenen Typ nicht verleugnen.

Praxisbeispiel:

Das Fernsehen verstärkt jede emotionale Hitze um ein Vielfaches, mit häufig unkalkulierbaren Folgen. Dazu zwei Beispiele. Zum einen Giovanni Trappatoni, Ex-Trainer vom FC Bayern München, und seine legendäre „Flasche leer"-Pressekonferenz, in der er seinem Frust über unmotivierte Bayern-Spieler freien Lauf ließ. Zum anderen der ehemalige Deutsche-Bank-Chef Hilmar Kopper und seine legendäre „Peanuts"-Pressekonferenz, während der er seinen Frust über vergeigte Immobilienfinanzierungen unverhohlen ausdrückte. In beiden Fällen gingen Medienprofis, die es gewohnt waren, vor Kameras aufzutreten, die Pferde durch. Mit völlig unterschiedlichen Konsequenzen: Dem FC-Bayern-Trainer lag hinterher die (Fußball-) Nation zu Füßen. Dem Deutsche-Bank-Chef lag hinterher allenfalls seine Revisionsabteilung zu Füßen.

Lassen Sie auch Zurückhaltung walten bei dem vermeintlich berechtigten Versuch, die eigenen (Produkt-)Botschaften ins Licht zu rücken. Eher unfreiwillig komisch als wirklich Erfolg versprechend sind jene Versuche, bei denen PR-Berater oder Firmensprecher sich bemühen, Produktnamen oder andere werbliche Botschaften möglichst häufig und scheinbar absichtslos in ihre Äußerungen einzustreuen, oder sich möglichst „geschickt" vor das Schild mit dem Firmenlogo zu bugsieren. TV-Journalisten sind Meister darin, Beiträge umzuschneiden, und Kameraleute wiederum sind Meister darin, Logos und Firmenschilder, die sie nicht im Bericht haben möchten, aus dem Bild zu nehmen.

Stichwort Äußerlichkeiten. Egal, ob Ihr CEO oder GF es mag oder nicht, wer vor der Kamera steht, muss Make-up tragen, sonst glänzt er oder sie nicht nur mit seinem Interview. Vermeiden Sie auch Hemden mit hellem Weiß oder Anzüge mit kleinen Mustern. Wählen sie stattdessen einen sauberen, klassischen Anzug und ein blaues Hemd, oder eine andere klare Farbe. Firmenlogos haben beim TV-Interview übrigens nichts auf dem Hemd verloren.

Im Verhör

Kommen wir zu einem kritischen Punkt, der eigentlich in das Kapitel Krisenkommunikation gehört, der aber dennoch bereits an dieser Stelle erwähnt werden soll: der Umgang mit jener publizistischen Macht, die oft das Gute will und doch das Böse schafft, jedenfalls aus Sicht der beteiligten PR-Leute: Es sind die (politischen) Enthüllungsmagazine. Also jene TV-Formate, bei denen die Zuschauer meist abends Skandalöses und Anrüchiges serviert bekommen.

Um eines klar zu sagen: Gegen Enthüllungsformate und -sendungen ist nichts einzuwenden – sie erfüllen in der (Medien-) Demokratie, in der wir leben, einen wichtigen Zweck. Problematisch wird es, wenn die PR feststellen muss, dass die entsprechenden Journalisten mit vorgefertigten Meinungen anrücken und kaum Chancen bestehen, die eigene Position verständlich darzustellen. Und das ist bisweilen der Fall. Kritisch wird es vor allem dann, wenn Magazine mit derlei Berichten den Ruf eines Unternehmens dauerhaft schädigen – und das ohne Berechtigung.

Wie verhält man sich nun, wenn, sagen wir, die Panorama-Redaktion anklingelt, einen Bericht ankündigt, und dazu ein paar „Statements und O-Töne" einfangen möchte? Antwort: Es kommt drauf an. In welchen Fällen tatsächlich handfeste Krisenkommunikation mit allen daraus folgenden Konsequenzen angebracht ist, erfahren Sie im Kapitel Krisenkommunikation. Im Prinzip ist jedoch höchste Vorsicht angebracht. Denn je kritischer das Thema, desto geringer sind Ihre Chancen, Ihrer Sichtweise Ausdruck zu verleihen. Nur wenige TV-Profis beherrschen die hohe Kunst, sich „unschneidbar" zu präsentieren; dazu gehören etwa Berufspolitiker, die es gewohnt sind, vor laufenden Kameras nicht nur gehörig einzustecken, sondern auch entsprechend zu parieren. Jedes TV-Interview findet unter verschärften Bedingungen statt. Viele Fernsehjournalisten wenden Verhörtechniken, und Sie haben in aller Regel keinerlei Kontrolle über das, was am Ende gesendet wird. Deshalb gilt: Eine höflich formulierte Absage richtet im Zweifelsfall weniger Schaden an als ein Pressesprecher oder Geschäftsführer, der sich in Großaufnahme der Lächerlichkeit preisgibt.

Zurück ins Funkhaus – Radio-PR

Das Radio hat gegenüber allen anderen Medienformen einen großen Nachteil, der zugleich auch sein größter Vorteil ist: Es versendet sich. Haben Sie schon einmal morgens mit Kollegen um die Kaffeemaschine gestanden, als einer der Anwesenden nachdenklich oder aufgeregt raunte: „Habt ihr gestern diesen spektakulären Beitrag im Radio gehört?", woraufhin sich alle Beteiligten schlagartig diesem einen Thema zuwandten? Eben. Nichts gegen das Radio, aber es ist und bleibt ein klassisches Sekundärmedium: Es taugt nicht, um Themen zu setzen, wohl aber, um Themen zu verstärken. Sie brauchen es deshalb nicht zu vernachlässigen, müssen ihm aber auch nicht die gleiche Aufmerksamkeit schenken wie anderen Medien.

Für erfolgreiche Radio-PR gilt im Prinzip das Gleiche wie fürs Fernsehen: Mit anständig vorproduziertem Material haben Sie die besten Aussichten auf Erfolg – mehr noch als im Fernsehen, denn gerade im Hörfunk sind die personellen Decken oft dünn. Auch hier gilt wieder, dass Sie derlei Material auf jeden

Fall von Leuten produzieren lassen sollten, die über ausreichend Hörfunk-Erfahrung verfügen. Live-Interviews im Radio sind zudem eine ideale Gelegenheit, um freies Sprechen zu trainieren – und damit TV-Auftritte.

Blogger und Communities – Die neue Internet-Publizistik

Noch vor wenigen Jahren bestand die „Internet-Medienlandschaft" aus nicht viel mehr als den Netzablegern bekannter (und unbekannter) Magazine und semiprofessionell betriebenen Hobby-Seiten. Viele Marketing-Auguren und PR-Agenturen behaupteten damals, ein neues Zeitalter werde anbrechen; das Internet werde nicht nur die Welt im Allgemeinen, sondern auch die PR gewaltig beeinflussen und verändern. Alles, was sich jedoch veränderte, war die Möglichkeit, Pressemitteilungen via E-Mail zu verschicken und Journalisten die Möglichkeit zu geben, sich Infos von den Websites der Unternehmen zu laden. Nicht gerade die ganz große Umwälzung. Damit schien das Thema „Internet-PR" dann auch für viele erledigt. Wenn heute eine Agentur behauptet, sie sei ganz groß in Sachen Web-Relations, dann meint sie wahrscheinlich die Möglichkeit, Themen und Kunden in Suchmaschinen eintragen zu lassen und Gewinnspiele durchzuführen. Denn die eigentliche Revolution fand und findet schleichend statt – in einer publizistischen Form, die man früher altmodisch als Tagebuch bezeichnete.

Die Rede ist von Blogs und Bloggern – von jener auch in Deutschland rasant steigenden Zahl an Menschen, die Online-Journale führen. Vielleicht stöhnen Sie nun auf und sagen „Schon wieder so ein Modethema!". Ist Wissen über Blogs also lästige Pflichtlektüre oder wirklich nur Modethema für die Internet-Freaks unter den PR-Fachleuten? Wenn Sie Titelgeschichten der Business Week als Kinkerlitzchen betrachten, dann sollten Sie die kommenden Seiten nicht lesen – aber möglicherweise werden Sie dann den Anschluss an die Realität des Internet verpassen.

Um es gleich vorwegzunehmen: Die Mehrzahl der Blogs – schätzungsweise zwischen 99 und 99,8 Prozent – sind nicht mehr als das ausschließlich private und oftmals bizarre Vergnügen ihrer Betreiber und haben keinerlei publizistische Außenwirkung. Außerdem gibt es auf den ersten Blick wirklich genug Gründe, Blogs nicht zu mögen: Die Rechtschreibung ist oft auf Grundschulniveau, der Umgangston der von schlecht erzogenen Siebtklässlern, und viele Charaktere, die sich in Blogs über Gott und die Welt auslassen, könnten auch in der letzten „Bärbel Schäfer Show" aufgetreten sein. All das, was in unserer Gesellschaft krank oder einfach nur überflüssig erscheint, findet sich dort wie unter einem Brennglas. Auch was den Inhalt von Blogs angeht, sollten Sie kritisch sein und den „Bullshit-Detektor" einschalten: Schließlich bewerten Sie Meldungen der Boulevardpresse ja auch mit einem anderen Maß als eine Story in der FAZ oder der Financial Times.

Warum Blogs so wichtig sind

Das englischsprachige Wörterbuch Merriam-Webster hat „Blog" zum Wort des Jahres 2004 in den USA gewählt. Vermutlich sind Blogs eine der wichtigsten und einflussreichsten Bewegungen im Internet. Vor allem aber werden sie einen enormen Einfluss auf Unternehmen und Medienarbeit haben – und dabei kommt es noch nicht mal darauf an, ob Sie PR für Pillen, Autos oder High-Tech machen.

Um die Bedeutung von Blogs im medialen Ökosystem einzuschätzen, muss man wissen, welch rasantes Wachstum sie hingelegt haben. 1999 gab es gut zwei Dutzend Blogs – heute liegt ihre Zahl konservativ geschätzt bei etwa 10 Millionen (oder sogar weit darüber, je nachdem, wen Sie fragen). Täglich kommen schätzungsweise zwischen 30.000 und 40.000 neue Blogs dazu. Die überwiegende Zahl von ihnen ist schlecht gemacht, schlecht geschrieben und interessiert zu Recht keinen Menschen außer den Betreibern selbst. Doch selbst wenn 99,99 Prozent von ihnen für die Unternehmens-PR keine Rolle spielen, bleiben rein statistisch gesehen immer noch einige tausend übrig, die massenhaft gelesen, beachtet und zitiert werden. Einige tausend Blogs, die über Ihr Business schreiben, über Ihr Unternehmen, die Angestellten darin und möglicherweise sogar über Deals und Dinge, von denen Sie hofften, dass sie möglichst unerwähnt bleiben. Es gibt Fachleute, die behaupten, Blogs werden die Medienlandschaft rasanter und nachhaltiger verändern als seinerzeit das Fernsehen. Dafür sprechen gute Gründe.

Blogs – eine massenmediale Revolution?

Mit der Erfindung der Druckerpresse um 1450 entfesselte Johannes Gutenberg mehr als nur einen Boom von Druckerzeugnissen. Was viel wichtiger war: Er ermöglichte einer Vielzahl von Menschen den Zugang zu Informationen, die bislang einer privilegierten Schicht vorbehalten waren. Etwas Ähnliches erleben wir heute auch. Die etablierten Massenmedien funktionieren nach einem einfachen Prinzip: Eine kleine Anzahl von Menschen und Unternehmen verfügt über die Möglichkeit, Massenmedien herzustellen, zu kontrollieren und Informationen zu verbreiten – das „one-to-many"-Prinzip.

Egal, ob es um die kleine Lokalzeitung von nebenan oder den globalen News-Konzern geht: Letztlich entscheidet eine Minderheit darüber, was die Mehrheit an Informationen konsumiert. Überspitzt formuliert könnte man sagen: Eine kleine Zahl von Entscheidern und Meinungsführern gibt Informationen an eine kleine Zahl von Medienmachern weiter. Und die Interpretationsmonopolisten entscheiden dann, was Angestellte, Kunden, Investoren, kurz: die Öffentlichkeit liest, sieht und glaubt. Dieses seit mehr als 500 Jahren eherne Prinzip, das mit dem Beginn des Zeitalters der Massenmedien im vorigen Jahrhundert noch zementiert wurde, durchbrechen die Blogs. Sie reichen die Informationen ohne Zwischenhändler direkt an die Konsumenten weiter. Was den Herausgebern und Journalisten in den etablierten Medienformen Kopfschmerzen bereitet, ist die Tatsache, dass die bequeme Trennung von Medien und Öffentlichkeit mit den Blogs ausgehebelt wurde. Die Ordnung der Medienwelt ist auf den Kopf gestellt: Statt um Massenmedien geht es nun um die Medien der Massen.

Innerhalb von zehn Minuten, mit Laptop, PC oder Handy(-cam) ausgerüstet und mit Kosten, die jeder Beschreibung spotten, wird jeder von uns vom Empfänger zum Sender der Informationen. Und erreicht im Zweifelsfall ein Millionenpublikum – ein Privileg, das noch vor wenigen Jahren einer publizistischen Elite vorbehalten war. Durch „Moblogging" können die Inhalte von Weblogs sogar über PDAs und Mobiltelefone abgerufen und aktualisiert werden – informative Echtzeitkommunikation!

Praxisbeispiel:
In den USA gibt es mehr und mehr Journalisten, die auf die Seite der Blogger wechseln. Derzeit bekanntester Vertreter dieser Spezies ist Dan Gilmor. Bis vor kurzem renommierter und angesehener Journalist der San Jose Mercury News, hat sich Gilmor auf die „Gegenseite" geschlagen und mit seiner „Bayosphere" ein Projekt für Basisjournalismus geschaffen. Orientiert am koreanischen Beispiel von OhmyNews, das Artikel von 50 festen Mitarbeitern mit E-Mail und SMS-Berichten von tausenden von „Bürger-Reportern" („Grass-roots journalism") vereint, steht Gilmor bereits in Kontakt mit Investoren und einflussreichen Financiers,

die sich an seinem Projekt beteiligen möchten. Dass derlei Ideen finanziell tragfähig sind, zeigt OhmyNews, das nach eigenen Angaben seit anderthalb Jahren profitabel arbeitet und für 2006 einen Umsatz von 10 Millionen erwartet.

Blogs sind dynamisch

Der größte Unterschied der Blogs im Vergleich zu allem anderen, was sich bislang im Internet getan hat, liegt in ihrer gewaltigen Dynamik. Überspitzt formuliert könnte man sagen: Das Web ist statisch. Eine Ansammlung von Dokumenten und Bildern, die, einmal geschrieben und ins Netz gestellt, sich nicht mehr verändern. Blogs dagegen entwickeln sich mit jedem Posting und Link weiter, mit jedem neuen Beitrag, der eine ganze bestimmte Meinung zu einer ganz bestimmten Situation darstellt. Durch die Verlinkung werden einzelne Inhalte eines Weblogs eben auch sehr schnell in anderen Weblogs verbreitet. Diese „Trackback"-Verlinkung führt zum schnellen Aufbau von Informationsnetzwerken und dazu, dass wiederum andere Blogger diese Trackbacks auf ihren eigenen Seiten einbauen. Dadurch kann sich ein einziger Eintrag in einem Weblog binnen weniger Stunden in der „Blogosphäre" verbreiten und zu ungeahnten Leserschaften vordringen.

Mal angenommen, Sie wären in der Lage, mit einem Tastendruck festzustellen, was in diesem Moment über Ihr Unternehmen und Ihre Branche geblogt wird: Was Sie hätten, wäre ein nahezu perfekter Spiegel von dem, was man gemeinhin die öffentliche Meinung nennt. Keine Clippings mit isolierten Betrachtungen von einzelnen Journalisten (deren Blickwinkel naturgemäß auch nicht immer ganz objektiv ist), keine umständlichen Auswertungen von Berichten – sondern ein Abbild dessen, was hier und heute über Ihre Company gedacht, geredet und geschrieben wird. Die Blogging-Community lebt vom Austausch: Sie liest sich gegenseitig, sie kommentiert und verlinkt sich und stellt damit eine globale Konversation her. Und es gibt Blogs von großem Einfluss. Stellen Sie sich die Blogging-Community am besten als ein riesiges Café vor, das von den unterschiedlichsten Menschen mit den unterschiedlichsten Ansichten besucht und bevölkert wird: Tech-Freaks, gepiercte Skateboard-Jünger, Hausfrauen mit Hang zu rosa Badelatschen und – ja, auch das – immer mehr ältere Menschen, Senioren, die den Umgang mit der neuen Technik lernen und schätzen. Also ein (beinahe) repräsentativer Bevölkerungsquerschnitt.

Praxistipp

Googlen Sie mal testweise einen beliebigen Politiker an zwei aufeinander folgenden Tagen. Ihre Chancen stehen gut, dass die ersten zehn Treffer sich nicht unterscheiden. Bei Blogs ist das Bild, das Sie sehen, dagegen schon nach wenigen Stunden ein vollkommen anderes. Blogs zeigen Ihnen sozusagen die Nachrichtenbeben und den Pulsschlag des Internets an. Das, was Swatch mit seiner Internetzeit nicht geschafft hat, machen die Blogs möglich, und zwar in Echtzeit. Durch die gegenseitige Verlinkung und Kommentierung der Blogs entsteht so etwas wie eine globale Unterhaltung, die sich um die verschiedensten Themen bewegen kann.

Und noch ein weiteres Kriterium macht Blogs für uns PR-Leute so wichtig. Vor knapp fünf Jahren entwickelte einer der ganz frühen Blogger, Dave Winer, ein verblüffend einfaches Nachrichtensammelsystem namens RSS oder „Really Simple Syndication". Mit diesem System wurde es möglich, einem Internetnutzer Blogs oder auch Nachrichten nach Stichwort sortiert an eine zentrale Seite im Internet zu schicken. Auf diesen personalisierten Info-Portalen (wie zum Beispiel my.yahoo) finden Sie als User ausschließlich Ihre persönlichen Informationen – und das an einem einzigen Platz. Zum jetzigen Zeitpunkt machen gerade einmal fünf Prozent der Internetnutzer von derlei Portalen Gebrauch – die Tendenz ist jedoch stark steigend. Der PR-Clou an der Sache ist, dass die Meldungen von Blogs, die mit einem Klick auf den „RSS"-Button abonniert wurden, gleichberechtigt neben denen von

AP, Reuters, der FAZ oder FTD in Ihrem Info-Portal stehen. Der umständliche Weg zu den einzelnen Websites, um sich dort Infos einzuholen, entfällt. Und ein Blog, den Sie (oder die für Sie wichtigen Journalisten) lesen, hat de facto auf einmal die gleiche Authentizität und Glaubwürdigkeit wie all jene altehrwürdigen Medien, die das Geschäft jahrzehntelang beherrschten.

> **Merke**
>
> Dank RSS („Really Simple Syndication") ist den Blogs ein dramatischer Durchbruch in die Königsklasse der Berichterstattung und Meinungsbildung gelungen, den man nicht wichtig genug nehmen kann!

In vielerlei Hinsicht sind Blogs damit für die Unternehmenskommunikation geradezu ein Glücksfall. Denken Sie an Firmen, für die es überlebenswichtig ist, zu wissen, was die Welt von ihnen und ihren Produkten hält. Schon nutzen die ersten Filmstudios Blogs, um zeitnah festzustellen, ob ihre Streifen auch die nötige Aufmerksamkeit bekommen oder untergehen. Jeff Weiner, Senior Vice-President von Yahoo, bekannte angesichts dieser Möglichkeiten unlängst begeistert: „Noch nie in der Geschichte der Marktforschung gab es ein Instrument wie dieses!"

Was bedeuten Blogs für die PR?

Der Großteil all dessen, was jeden Tag in unserer Informationswelt auftaucht, für Aufsehen sorgt oder auch wieder verschwindet, ist digital. Handy-Fotos, Dokumenten-Scans, Milliarden von E-Mails, inzwischen auch gesprochene, via Voice over IP übermittelte Nachrichten. Ein paar Klicks reichen, und jeder dieser Inhalte findet sich in der „Blogosphäre" wieder – seien es Bilder aus irakischen Gefängnissen oder verräterische E-Mails tollpatschiger CEOs. Dort stehen sie dann und wirken – für immer. Oder jedenfalls für wesentlich länger, als es so manchem lieb ist. Radio versendet sich, alte Zeitungen verschwinden im Recycling-Container – was dagegen in den Weiten des Web auftaucht, währt, wenn Sie Pech haben, für eine verdammt lange Zeit. Aber muss das wirklich Pech sein? Nicht unbedingt. Denn natürlich tummeln sich auch potentielle Kunden im Web. Menschen, die Rat suchen und die auf Basis der Infos, die sie dort finden, ihre Kaufentscheidungen fällen. Arbeiten Sie in einem Unternehmen oder einer Agentur, in der diese neue Form der Publizistik und Meinungsentstehung ignoriert, gar belächelt wird? Ihre Wettbewerber sind möglicherweise längst weiter und haben erkannt, dass sie mit gezielten Kommunikationsstrategien bei Blogs viel erreichen können – viel Positives. Bemerkenswert ist dabei, dass viele Blogs inzwischen selbst Themen setzen. Wie bereits beschrieben: Auch Journalisten schreiben voneinander ab und nutzen vermehrt Blogs als Quelle für unverbrauchte Themen.

> **Merke**
>
> Blogs bedeuten für die PR nicht nur eine Gefahr, sondern auch eine Chance. Voraussetzung ist, dass man sie ernst nimmt und die neuen Gesetze anerkennt, mit denen sie arbeiten. Und dass es gelingt, die wichtigen Blogs von den unwichtigen zu unterscheiden.

Zunächst einmal gilt, dass viele der etablierten, gesprochenen wie unausgesprochenen Gesetze der Branche nicht mehr ohne weiteres gelten.

Praxisbeispiel:

Um die Wichtigkeit von Blogs zu veranschaulichen, hier das Beispiel des ehemaligen Google-Angestellten Mark Jen. Als der junge Programmierer bei Google einstieg, begann er parallel, seine Erlebnisse dort in einem Blog zu veröffentlichen. Es dauerte nicht lange, bis andere Blogger ihre Blogs mit dem von Jen verlinkten. In Windeseile wurden Jens Veröffentlichungen bekannt, von seinen nicht ganz kritiklosen Ansichten zu den Arbeitsbedingungen bei Google bis hin zu bissigen Bemerkungen über das Essen in der Betriebskantine. Mark Jen veröffentlichte ganz sicher keine Betriebsgeheimnisse. Aber er ging in seinem Blog weit genug, dass Google ihn schon nach kurzer Zeit feuerte. Von diesem Tag an waren Mark Jen und sein Blog erst eine richtig große Sache. Google stand am Pranger: Die Öffentlichkeit beschuldigte das Unternehmen, überreagiert zu haben – indem es vor allem eine deutliche Warnung an alle anderen Blogger ausgesprochen hatte, die noch im Unternehmen arbeiteten. Für Mark Jen da-

gegen ging die Sache mehr als gut aus: Er bekam Jobangebote von Amazon und Yahoo und nahm schließlich eine Stelle bei Plaxo an, einem Internet-Contact-Management-Unternehmen, bei dem er nun die Blogging-Strategie der Firma koordiniert und ausbaut. Denn Plaxo ist eines jener Unternehmen, die die Macht und Zukunft von Blogs als Kommunikationsmittel erkannt haben – und sie aktiv nutzen. Dazu gehört auch, dass das Unternehmen klare Standards für Blogger formuliert und seinen Bloggern Regeln an die Hand gibt, was im Zweifelsfall nicht in ein Blog gehört.

PR und Blogs in der Praxis

Als PR-Beauftragter innerhalb eines Unternehmens haben Sie es zum einen mit Angestellten zu tun, die eigene Blogs über die Company schreiben, als auch mit Bloggern, die als externe Berichterstatter auftreten.

Praxistipp

Wenn Sie (unternehmensintern) die Frage gestellt bekommen, ob Blogs in Sachen PR und Kommunikation überhaupt von Relevanz sind – hier sind sechs gute Antworten:

■ Die traditionellen Medien nutzen Blogs zunehmend als unabhängige Informationsquelle.

■ Mehr und mehr Blogs werden von Vordenkern betrieben, die mittels Blogging Einblicke in ihre Arbeit gewähren.

■ Blogs sind ideale Messinstrumente, an denen sich die Reaktionen auf bestimmte News ablesen lassen.

■ Blogs sind extrem zielgruppenspezifisch – mit fast keinem anderen Medium lassen sich bestimmte Zielgruppen so exakt treffen.

■ Blogs sind kein Direktmarketing-Instrument – aber ein Instrument, mit dem sich die öffentliche Meinung gezielt beeinflussen lässt.

■ Und schließlich: Es ist die ureigenste Aufgabe der PR, alles zu beobachten und zu nutzen, was sich zur Kommunikation mit der Öffentlichkeit eignet.

Die erste Aufgabe in Sachen Blog-PR ist es, ein Monitoring zu allen bestehenden Blogs durchzuführen, die etwas zu den Sie betreffenden Themen zu sagen haben und damit zu dem Business-Umfeld, in dem Ihr Unternehmen tätig ist. Mittlerweile bieten mehr und mehr Medienbeobachter (zum Beispiel PR Newswire) diese Dienstleistung an. Der nächste Schritt betrifft die Entwicklung von Strategien zur Schadensbegrenzung.

Die Fragen, die die Unternehmens-PR klären muss, lauten:

■ Welche Blogs thematisieren welche für das Unternehmen relevanten Inhalte?

■ Welche Blogger innerhalb der riesigen Blogging-Gemeinde sind tatsächlich einflussreich?

■ Wie reagiert man, wenn man von einem Blog attackiert wird – in der Öffentlichkeit wie auch in direkter Auseinandersetzung mit dem Blogger?

■ Für den umgekehrten, positiven Fall gilt natürlich: Wie intensiv bezieht man Blogs in die Pressearbeit mit ein?

Die ersten beiden Fragen klären Sie über eine inhaltliche Analyse der behandelten Themen und über die Auswertung der Zugriffszahlen. Erfolgreiche Blogs, also solche, die auch gelesen werden, sind diejenigen, die am häufigsten miteinander verlinkt sind und dadurch die meisten Klicks auf ihre Seiten erzeugen. Die Antwort auf die letzten beiden Fragen lautet: Nehmen Sie im Zweifelsfall jede seriös gemeinte Anfrage eines Bloggers ernst. Für Krisenkommunikation gelten im Übrigen die gleichen Maßstäbe und Regeln wie im Umgang mit den „alten" Medien. Und in Sachen tägliche Pressearbeit bedeutet das: Ein Blogger kann ein ebenso wertvoller Multiplikator sein wie jedes andere, traditionelle Medium. Eine weitere Frage ist, wie man als PR-Berater mit Bloggern umgeht: Wie man sie anspricht, wie man ihnen die eigenen Sichtweisen und Themen vermittelt.

Tatsächlich ist die Herangehensweise in mancherlei Hinsicht eine andere als bei den traditionellen Medien. Wichtigster Punkt: Beim Umgang mit Bloggern muss das im Vordergrund stehen, was ohnehin das Wesen der PR ist: der Dialog. Es geht nicht darum, den Blogger aggressiv zu pitchen, ihn also in Richtung einer bestimmten Berichterstattung zu drängen, sondern darum, einen Meinungsaustausch herzustellen. Mehr und mehr PR-Beauftrage in den USA gehen zudem dazu über, an Online-Communities und Blogs selbst teilzunehmen. Welche Regeln gelten dafür? Vor allem eine: Vermeiden Sie unter allen Umständen, ihre Anliegen anonym oder gar unter einer veränderten Identität zu streuen. Wichtigste Voraussetzung ist es, sich selbst offen als PR-Mann oder -Frau kenntlich zu machen. Ziel ist es, in Dialog mit Bloggern zu treten und Informationen zu bestimmten Themen aktiv anzubieten. Es geht darum, ein Bewusstsein für die eigenen Positionen zu schaffen.

Merke

Auf Einbahnstraßen-Kommunikation, die etwa im großflächigen Versenden von Pressemitteilungen besteht, legen Blogger noch viel weniger Wert als die herkömmlichen Medien.

Blogger sind keine Journalisten im eigentlichen Sinne: Sie beachten keine Deadlines, keine Non-Disclosure Agreements (NDAs) und sind nicht „politically correct". Um erfolgreiche Beziehungen zu Bloggern, die für Sie und Ihr Unternehmen relevant sind, aufzubauen, sollten Sie folglich Relationship-Building im besten Sinne betreiben, ehrlich über Ihre Agenda sein und ganz schlicht die erste und wichtigste Grundregel jedes Dialogs beachten: Hören Sie zu!

Praxisbeispiel:
Gegen regelmäßige E-Mail-Aussendungen auch an Blogger ist im Prinzip nichts einzuwenden. Der Automobilhersteller Nissan beispielsweise versendet seinen E-Mail-Newsletter regelmäßig an eine Gruppe von 2.000 einflussreichen, publizistischen Multiplikatoren, darunter eine Vielzahl von Bloggern. Allerdings nicht in Form einer herkömmlichen Presseinfo, sondern als monatliche E-Mail von Nissan-CEO Carlos Ghosn.

Tendenziell macht es wenig Sinn, einen Blog mit News zu überschütten, mit denen man auch an die „normalen" Medien herantritt. Warum? Weil Blogs ihrerseits viele der Mainstream-Medien beziehungsweise deren Online-Ausgaben für ihre Inhalte nutzen – durch Links und Querverweise. In 90 Prozent aller Fälle dürfte es deshalb am sinnvollsten sein, diese (Sekundär-)Medien zu beliefern. Auch hier ist die Aufgabe des PR-Beraters wieder mit viel Fingerspitzengefühl verbunden, denn einerseits sind viele News für Blogs weniger interessant als für die klassischen Medien – deren Job es nun einmal ist, über Neuigkeiten zu berichten. Andererseits dürfen wichtige Blogs aber auch nicht übergangen oder gar vom Informationsfluss ausgeschlossen werden.

Interne Kommunikation

Wie nutzt man Blogs für die unternehmenseigenen Kommunikationsziele, und wie geht man mit internen Bloggern um?

Zunächst sollten Sie stets das beherzigen, was Blogs auszeichnet und Kern ihres Wesens ist: Authentizität. Haben Sie also keine Bedenken, selbst mit einem Blog zu starten – aber füllen Sie ihn mit echten und authentischen Inhalten. Ein Blog des Geschäftsführers oder Marketingleiters, der regelmäßig PR- und Werbe-„Müll" enthält, ist kontraproduktiv. Blogs sind das falsche Medium für klassische Werbung und Marketing; sie sind dagegen ideal geeignet, um zu informieren und mit den relevanten Zielgruppen in Dialog zu treten. Ein Blog, der seinen Lesern dagegen neue und unverbrauchte Sichtweisen auf ein Unternehmen erlaubt, kann zum gewichtigen und viel beachteten Sprachrohr werden – neben den traditionellen Kommunikationskanälen und ohne den Filter, den die (traditionellen) Medien naturgemäß darstellen.

Praxisbeispiel:

Ein prominentes Beispiel für den positiven und gewinnbringenden Umgang mit Blogs ist General Motors, kurz GM.

Moment, GM? Der lahme amerikanische Auto-Riese? Genau. GM zeigt sich auffällig offen im Umgang mit Blogs und nutzt diese zudem geschickt, um in Sachen PR die Mainstream-Presse zu umgehen. Im Januar 2005 startete Vice-Chairman Bob Lutz seinen eigenen FastLane-Blog (http://fastlane.gmblogs.com). Mit verblüffendem Erfolg: Schon bald überschütteten Autofans aus aller Welt den GM-Boss mit ihren Wünschen, Anregungen und natürlich auch Kritik. Lutz scheute nicht davor zurück, auch auf kritische Stimmen offen und ehrlich einzugehen – Kritik zu GMs Modellpolitik, der Verarbeitung der Autos oder der Zukunftsstrategie des Konzerns. Ein weiterer Teil von GMs Blog-Strategie begann mit einem Streit mit der Los Angeles Times. Die GM-Manager warfen der Zeitung unausgewogene Berichterstattung zum Erscheinen eines neuen Automodells vor. Anstatt den Streit eskalieren zu lassen und mit den (in diesen Fällen üblichen) Gegenveröffentlichungen und -darstellungen zu antworten, wählte GM einen gänzlich neuen Kommunikationskanal. Sämtliche Informationen zum Fall fanden sich in einem Blog namens automobear.com (http://automobear.com). Blog und Blogger hatten in der Autowelt bereits einen guten Namen und waren als unabhängig bekannt. Der Betreiber des Blogs versicherte zudem, von GM keinerlei Geld für die Veröffentlichung der Informationen erhalten zu haben. Für Unternehmen zeigt dieser Fall Chancen und Gefahren zugleich an: die Chance, Informationen und Sichtweisen direkt und ohne Umwege an die Konsumenten weitergeben zu können. Und die Gefahr, Blogs ganz einfach zu kaufen oder eigene Blogs unter fremdem Namen zu starten und so die Öffentlichkeit hinters Licht zu führen. Und auf „Adverblogging", also Schreiben eines Blogs, der eigentlich eine bezahlte Anzeige ist, ohne das kenntlich zu machen, reagiert die Blog-Community für gewöhnlich recht gereizt und man kann sicher sein, dass die Glaubwürdigkeit für alle Zeiten zum Teufel ist.

*Ein gelungenes **Beispiel** für einen schreibenden Executive aus der PR-Welt sind übrigens die Beiträge von Richard Edelman in dessen eigenem Blog über Kommunikationstrends – zu finden auf der Website von Edelman (direkt unter www.edelman.com/speak_up/ blog).*

Wie gezeigt, gibt es durchaus gelungene Beispiele für Blogs, die von C-Level Executives geschrieben werden. Grundsätzlich aber muss man gar nicht so weit oben ansetzen. Denn das, was einen guten Blog für seine Leser und die Journalisten interessant macht, ist nicht die gestylte Unternehmensbotschaft. Es sind Sprache, Lebendigkeit und Insider-Information, die von Ingenieuren, Entwicklern oder dem Vertrieb kommt – den Menschen eben, die wissen, was in einem Unternehmen „wirklich" anliegt.

Praxistipp

Während die typische Pressemitteilung meistens so aufbereitet ist, dass sie klingt wie die Unterhaltung zwischen einem Juristen und einer Touring-Maschine, nämlich trocken, informationsfrei, unverfänglich und schrecklich langweilig, sollte der Blog genau das Gegenteil davon sein. Er sollte transparent, aufrichtig, vor allem aber spontan sein und dem Unternehmen eine menschliche Stimme und ein Gesicht geben.

Auch wenn Ihr Unternehmen vielleicht kein Budget für teure Anzeigenkampagnen hat: Ein einziger Mitarbeiter, der einen gut geschriebenen und zielgruppengerechten Blog erstellt, kann eine ähnlich hohe, vielleicht sogar höhere Wirkung erzielen!

Der Blogger in meinem Bett oder „Feind" hört mit

Für Unternehmens-Blogger, die in ihren Blogs unternehmenseigene Themen behandeln, gilt dabei, dass Interna, die man nicht gegenüber Fremden artikuliert oder etwa an Tausende von Unbekannten mailt, auch nicht in einen Blog gehören. Ein informeller GAU kann beispielsweise ein unzufriedener Mitarbeiter sein, der einen anonymen Blog betreibt und dort kritische Interna veröffentlicht, vielleicht auch kompromittierende Bilder oder sogar Videos.

Gut gebloggt – Was nun?

Die beste Möglichkeit neben herkömmlicher Pressearbeit: Eröffnen Sie eine Gegen-Öffentlichkeit auf der gleichen Ebene und bloggen Sie zurück. Starten Sie ein (unternehmensinternes oder auch frei zugängliches) Blog – als Instrument der Mitarbeiterinformation und zur Kommunikation mit den Angestellten des Unternehmens.

Bleibt abschließend die Frage: Wie erfährt man mehr über Blogs und deren Funktionsweise? Zunächst: indem man sie besucht und liest, am besten täglich. Erste gute Anlaufstelle, um relevante Blogs zu recherchieren und zu evaluieren, ist etwa die „Top 100"-Liste von Technorati (http://technorati.com/pop/blogs/) oder auch die Liste der beliebtesten Blogs von Bloglines (http://www.bloglines.com/topblogs) – um nur einige zu nennen, denn die Zahl relevanter Blogs ist schier unendlich und wächst täglich.

Podcasts – Das neue Radio

Ein nächster publizistischer Innovationsschub kündigt sich bereits an – mit den so genannten Podcasts. So wie sich Blogs vom simplen „Internettagebuch" zu einer neuen, bedeutenden Medienform gemausert haben, ist Podcasting zunächst einmal nichts weiter als ein System zum Herunterladen und Abspielen von Audio-Daten auf einem mobilen Gerät. Podcasts sind Audiofiles oder vereinfacht gesagt digitale Radiobeiträge, die zeit- und ortsunabhängig mit jeden normalen MP3-Spieler angehört werden können. Die Möglichkeit, Audio-Daten aus dem Internet herunterzuladen und anzuhören, gab es im Zeitalter des Internet schon immer. Doch erst in jüngster Zeit wurde das deutlich einfacher – dank kleiner und vor allem preiswerter MP3-Player. In den USA gibt es bereits mehr als 5.000 unterschiedliche Podcast-Shows, die die unterschiedlichsten Inhalte anbieten – von der politischen Sendung bis hin zur Yoga-Lektion.

Praxisbeispiel:

Der Erfolg einiger Podcasts ist enorm: „Morning Stories" heißt die Sendung des Bostoner Radiosenders WGBH, der schon vor Jahren begann, seine Beiträge zum Download anzubieten – ein Service, von dem durchschnittlich 150 Hörer pro Monat Gebrauch machten. Bis im Oktober vergangenen Jahres der Sender schließlich einen eigenen Podcasting-Service startete, woraufhin sich die Hörerzahlen auf 80.000 monatliche Abrufe vervielfachten. Dieser Erfolg war auch den Bloggern zu verdanken, die das Programm mit den eigenen Angeboten verlinkten und vielfach darauf hinwiesen.

Was Podcasts als neue Kommunikationsform für die Konsumenten im Allgemeinen und für die PR im Besonderen bedeuten, ist nicht mit letzter Sicherheit zu sagen – es bleibt die Frage, ob sie in absehbarer Zeit die gleiche Bedeutung bekommen werden wie Blogs. Klar ist jedoch schon heute, dass sie Möglichkeiten und Alternativen in der Kommunikation mit den Zielgruppen bieten, die es bislang nicht gab und die – richtig genutzt – Erfolg versprechend sind. Auch Podcasts können per RSS automatisch „geliefert" werden, haben also prinzipiell denselben Verbreitungsmechanismus wie ein geschriebener Blog und sollten deshalb auch entsprechende Beachtung in der PR-Strategie der Zukunft erhalten.

Praxisbeispiel:
iPod-Hersteller Apple bekommt heute schon zahlreiche Anfragen von Firmen, die Interesse daran haben, mittels Podcasts ihre Kunden direkt anzusprechen – also wieder ohne den Umweg der traditionellen Medien. Eine Firma wie Adobe könnte einen Podcast für die Nutzer ihrer Produkte Acrobat oder Photoshop ins Leben rufen.

Zunächst muss der Inhalt technisch an die neuen Erfordernisse angepasst werden – also in Form von Radiobeiträgen im MP3-Format. Mindestens ebenso wichtig ist, dass die Inhalte „Podcast-kompatibel" sein müssen. Was das bedeutet? Ganz einfach: „Think small". Egal, ob es sich um einen neuen Hollywood-Film oder politische Botschaften handelt: Die neuen Medien nehmen den Content häufig nur in kleinen, immer aber individuell zubereiteten Happen auf. In der neuen Informationswelt ist wenig Platz für Informationen in epischer Breite.

Die neue Informationswelt

Sowohl Journalisten als auch PR-Leute sind gut beraten, auch die Pfade neben den alten Informationswegen zu beschreiten. Blogs und Podcasts sind die sichtbaren Zeichen eines rasanten Wandels in der Welt der Medien und Public Relations. Mehr und mehr

Unternehmen werden dazu übergehen, ihre Zielgruppen direkt und ohne Umwege zu erreichen. Was Journalisten sicher nicht brauchen, sind neue „PR-Vertriebskanäle", die sie mit Informationen überhäufen.

Praxistipp

E-Mail und Telefon sind nach wie vor Medium und Arbeitsmittel der Wahl für die überwiegende Mehrheit der Journalisten. Doch was Journalisten vor allem wollen, sind vollständige und richtige Kontaktinformationen, um zügig und ohne Umwege die richtigen Personen im Unternehmen erreichen zu können. Firmen, die dies beherzigen, sind etwa Microsoft: www.microsoft.com/presspass/PR_Contacts.mspx oder Sun: www.sun.com/aboutsun/media/contacts/index.html

Bevor Sie also munter losbloggen, podcasten oder sich anderweitig in der neuen Medienwelt austoben, stellen Sie unbedingt sicher, dass die PR-Basics abgedeckt sind:

- Dass Journalisten auf der Website mühelos die nötigen Kontaktinformationen finden.

- Dass Sie regelmäßig mit Ihren Top-Medien kommunizieren.

- Dass wichtige Informationen nicht nur an Ihre „Spezies", sondern an alle Journalisten weitergegeben werden.

Stellen Sie sicher, dass Sie gute und fruchtbare Beziehungen zu Ihren hauptsächlichen Zielmedien aufbauen und dass Sie neben einer klaren Informationspolitik auch eine Kommunikationsstrategie haben, die diesen Namen verdient. Ein nicht minder wichtiger Punkt: Achten Sie darauf, dass Sie auch auf eventuelle Krisen gut vorbereitet sind.

Dann, und wirklich erst dann, wenn also die Kommunikation für Ihren Kunden oder Ihr Unternehmen auf soliden Füßen steht und nicht Stückwerk ist, sollten Sie kommunikativ „expandieren" und weitere Kommunikationsfelder bearbeiten – um das Tüpfelchen aufs i zu setzen!

Todsünde Nr. 3: PR-Prioritäten falsch setzen – Wenn PR-Leute Medienwirkweisen falsch einschätzen

In Ihrem Business gibt es ein Fachmagazin, in dem sich die CEOs und Senior-Produktmanager der Branche regelmäßig sonnen? Ein Magazin, das zudem noch wunderbar handzahm ist, weil es regelmäßig mit Anzeigen von Ihnen gefüttert wird? Wunderbar – mehr brauchen Sie nicht für erfolgreiche Innen- und Außendarstellung. Warum sich mühselig mit schwer zu kontrollierenden Fernsehredaktionen oder anderen Meinungsbildnern herumschlagen, wenn Erfolge auf dieser Ebene so leicht zu erzielen sind? Pressearbeit mit Fachmagazinen ist nahezu gleichbedeutend mit stetigem, nie versiegendem Erfolg. Neue Technologien, neue Kommunikationswege, all das kann man auch der Reklame überlassen!

4. „Gag as gag can" – Was PR mit Kult und Markenbildung zu tun hat

Wenn Sie als PR-Berater arbeiten oder Pressesprecher eines Unternehmens sind, wird mit 100-prozentiger Sicherheit irgendwann der Tag kommen, an dem Sie um Rat und Tat in Sachen „Markenbildung" gefragt werden. Warum? Nicht, weil Public Relations ein so großartiges Instrument zum Aufbau und zur Steuerung von Marken wären, sondern vielmehr aus der grundsätzlichen Erwägung heraus, dass Marken eine tolle Sache sind. Jeder Hersteller versucht, sein Produkt zur Marke auszubauen.

PR und Marken – Ein ungleiches Paar

Vor zehn bis zwanzig Jahren musste jedes Unternehmen eine „Philosophie" haben, also eine Art schriftliches Manifest, warum es existierte und was es tat. Selbst der Telefonladen um die Ecke verzichtete nicht darauf, seine „Unternehmensphilosophie" auszurufen, die etwa heißen konnte, „die notwendigen Grundlagen für die Kommunikation der Menschen untereinander über große Entfernungen zu schaffen" – anstatt einfach zu sagen „Wir verkaufen Telefone".

Heute sind Unternehmensphilosophien ein alter Hut, stattdessen muss jedes Produkt eine „Marke" sein oder zumindest dazu ausgebaut werden, auch wenn es sich dabei um das banalste Ding der Welt handelt. Dahinter steckt natürlich der „Nivea-Traum": Ein Produkt zu besitzen, das alleine ob seines Aussehens und Namens eine so gewaltige Strahlkraft besitzt, dass es für die Konsu-

menten gleichsam zum Versprechen wird. Ein Versprechen, das da lautet: „Ich bin Qualität, ich bin Tradition – mit mir kannst du nichts falsch machen." Denn Marken garantieren das, was man als Käufer von jedem anderen, beliebigen und vielleicht billigeren Produkt eben nicht automatisch erwartet: Zuverlässigkeit. In unserer schnelllebigen und unüberschaubaren Konsumwelt, in der mehr Produkte denn je um die Gunst der Käufer werben, sind Marken Straßenschilder, Wegweiser und Leuchttürme zugleich. Kurz: etwas sehr Begehrenswertes.

Natürlich sind derlei (erfolgreiche) Marken für jedes Unternehmen ein Glücksfall, und es gibt Marketinginstrumente, die sich hervorragend eignen, um Marken aufzubauen. Allerdings funktionieren Public Relations und Markenbildung nach anderen Regeln als etwa Werbung und Markenbildung. Es wurde bereits in einem der vorangegangenen Kapitel angeschnitten: Für die PR sind Philosophien und Emotionen (aus denen Marken meist bestehen) nur bedingt geeignet. Wenn Sie also in einem zermürbenden Meeting Werbeleuten und Marketing-Managern gegenüber sitzen, die mit Hilfe der PR ihre „Markenkerne und Markenbotschaften in die Köpfe der Konsumenten transportieren" möchten, winken Sie besser ab. Kein Journalist, jedenfalls keiner, der Bedeutung, dessen Meinung und Schreibe Gewicht hat, wird jemals „einen Markenkern" oder gar „eine Botschaft" „transportieren".

Merke

PR und Markenbildung sind ein unglei-
ches Paar, das nur schwer zusammen-
findet.

Was bedeutet Markenkommunikation überhaupt? Jede große Marke (und jede kleine
Marke, die eine große werden will) steht vor
dem gleichen Problem: Sie muss auf unzäh-
ligen Kanälen einheitliche Botschaften senden. Die Marketingabteilungen stehen vor
der Herausforderung, ihre vielen einzelnen
Instrumente – vom Messebau über die Poster
am POS bis hin zur Kinowerbung – miteinander zu verzahnen, zu verbinden und dafür
Sorge zu tragen, dass jedes einzelne dieser
Instrumente den Kern der Marke widerspie-
gelt. Theoretisch eine tolle Sache. Kaum
eine Kommunikationsdisziplin eignet sich
für diese Aufgabe allerdings weniger als PR.
Denn fast alle Modelle zur Markenbildung
setzen sich zwar intensiv mit der Psycholo-
gie der Käufer auseinander, verkennen aber
die entscheidende Tatsache, dass bei der PR
ein Mittler zwischen „Botschaft" und „Empfänger" geschaltet ist. Es ist der Journalist,
der im Zweifelsfall mit Ihrem „Markenkern"
macht, was er will.

So weit, so schlecht. Aber ist PR als Instrument für die Markenbildung deshalb völlig
nutzlos? Natürlich nicht. Auch mit Hilfe
von Public Relations können sinnvolle und
mitunter sogar starke Impulse in Sachen
Markenaufbau und -pflege gegeben werden.
Allerdings unter anderen Voraussetzungen
als etwa in der Werbung. An dieser Stelle
folgt nun kein Exkurs in Sachen Marken-

kommunikation mit Erklärungen, wie man
ein Produkt zur Marke aus- und aufbaut.
Es soll geklärt werden, unter welchen Voraussetzungen die PR ihren Teil im Mar-
ken-Kommunikations-Prozess leisten kann.
Bedingung ist zunächst, dass klar ist, woraus
dieser Markenkern überhaupt besteht – jenseits aller schwammigen Werbe-Begrifflich-
keiten. Auf deutsch heißt das: Wofür stehen
die Marke, das Unternehmen und seine
Produkte – und was davon kann unter bestimmten Voraussetzungen für die PR-Arbeit
verwendet werden?

Praxistipp

Soll mit PR Markenkommunikation
betrieben werden, müssen Sie zunächst
klären, welche Markenanteile für die
Öffentlichkeitsarbeit verwendbar sind.

Praxisbeispiel:
*Ein Glücksfall für die PR ist es, wenn Men-
schen und Marken fest miteinander verbunden sind, wie im Falle von Villeroy & Boch.
Das Unternehmen steht für geschmackvolle
und formvollendete Tisch-, Küchen- und
Badkultur – und das Ehepaar Wendelin und
Brigitte von Boch verkörpert einen gepfleg-
ten, eleganten und traditionsbewussten Le-
bensstil. Zwischen der Ästhetik der Produkte
und dem – auch und gerade in den Medien
inszenierten – Auftreten der Inhaber sind
keine Differenzen vorhanden. Das Ergebnis
ist eine nahezu perfekte Kommunikation
des Markengedankens zwischen Lifestyle-
katalog, Schlössern und gesellschaftlichen
Ereignissen. Ein ähnlicher Fall ist Willy
Bogner. Die Marke ist in dem Fall sogar*

der Unternehmer und Sportler selbst, der das, was seine Produkte verkörpern, selbst vorlebt: Sportlichkeit und Ästhetik. Dies sind zwei Glücksfälle für die PR: Glaubwürdiger, persönlicher und intensiver lässt sich ein Markengedanke mit Hilfe der PR nicht transportieren. In beiden Fällen tritt dazu ein ganz entscheidender Vorteil zutage: Die Mittler des Markenkerns sind keine abstrakten Botschaften, sondern Menschen. Interessante Menschen sind nicht nur wertvoll für die Marke, sie bieten auch die besten Voraussetzungen für erfolgreiche Medienarbeit. Auch wenn natürlich die Abhängigkeit der Marke vom Markenträger eine Gefahr in sich birgt. Denn wenn sich erst einmal Zweifel an der Integrität des Markenträgers breit gemacht haben, schlägt sich das sofort auf die Marke nieder.

Merke

Die Einheit von Marken- und PR-Botschaft ist eher Ausnahme als Regel.

Natürlich kann man als PR-Berater nicht immer über glaubwürdige und professionell einsetzbare „Testimonials" verfügen – es gibt andere Möglichkeiten, wenn auch nicht immer so wirksame.

Praxisbeispiel:
Angenommen, ein Teil der Unternehmensmarke und des (verordneten wie auch von außen wahrgenommenen) Image besteht aus dem Begriff „Familienfreundlichkeit". Was lässt sich daraus ableiten? Gibt es eine besonders hohe Anzahl an betriebsinternen Kindergartenplätzen?

Einen Vorstandsvorsitzenden oder leitenden Mitarbeiter, der ein Erziehungsjahr genommen hat? Ziel ist es, festzustellen, welche Teile der Marke, welche ihrer emotionalen Bestandteile sich in das übersetzen lassen, was für Journalisten verwertbar ist.

Praxistipp

„Sezieren" Sie Ihr Produkt oder Unternehmen genau, um herauszufinden, welche PR-Botschaften mit dem gewünschten Markenimage in Übereinstimmung zu bringen sind – oder in Übereinstimmung gebracht werden können.

Die Kultwelle reiten

Gleich nach der Sache mit den Markenkernen kommt die Sache mit dem Kult. Einem durchschnittlichen Magazin- oder Tageszeitungsjournalisten flattern täglich zwischen 40 und 60 Pressemitteilungen auf den Tisch; in mindestens der Hälfte davon wird behauptet, dass es sich bei Produkt XY um einen gewaltigen neuen Trend oder eben „Kult" handelt.

Wenn man ihn hat (den Kult) oder auf einer Trendwelle reitet – umso besser. Kult/Trend ist so ziemlich das Beste, was einem Kommunikations- und PR-Berater passieren kann; ein Selbstläufer, bei dem in Sachen Kommunikations- und Pressearbeit (fast) nichts schief gehen kann. Doch zunächst zu den Voraussetzungen, mit denen Kult geschaffen werden kann – und zur Frage, was genau Kult überhaupt ist.

Merke

Im Zeitalter der Massenmedien ist die (gefühlte oder echte) Einzigartigkeit von Kult wirksamer als jede Werbestrategie!

Kult bedeutet Verehrung, Zelebrierung – und im massenmedialen Zeitalter ist diese (gefühlte oder echte) Einzigartigkeit wirksamer als jede Werbestrategie. Zu behaupten, ein Produkt oder Unternehmen sei Kult, reicht leider nicht, obwohl dies im Marketing immer wieder versucht wird. Wie schon beim Markenaufbau gilt auch hier: Um nicht existierenden Kult aufzubauen, ist die PR ungeeignet. Wenn allerdings ein Produkt oder Markenname den Samen des Kults in sich trägt und bloß noch niemand davon weiß, gibt es kaum ein besseres Instrument als Public Relations, um die Welt davon in Kenntnis zu setzen. Vorausgesetzt, es kommt zu den richtigen Weichenstellungen.

Praxistipp 1

Die Voraussetzungen für „optimalen Kult"

Im Prinzip müssen nur zwei Bedingungen erfüllt sein:

■ Das Unternehmen oder Produkt oder auch Produktmerkmal muss in der Mottenkiste möglichst weit unten liegen.

■ Es muss bei den Konsumenten starke Erinnerungen und Emotionen auslösen.

Praxistipp 2

Wie Sie als PR-Berater klären, wo die „kultverdächtigen" Merkmale liegen

Als PR-Berater müssen Sie zunächst identifizieren, worin die einzigartigen Merkmale des Produkts – die „kultverdächtigen" – liegen. Solche Differenzierungen können zum Beispiel sein:

■ Traditionen: Ist das Unternehmen besonders lange und/oder erfolgreich in einem Markt tätig?

■ Bestimmte Wahrzeichen oder Figuren: Gibt es Visualisierungen, mit denen besondere Gefühle verknüpft sind?

■ Spezialisierungen oder einzigartige Produktbeschaffenheiten: Ein Kultelement lässt sich möglicherweise auch aus Teilen der Marke oder des Produkts herleiten.

■ Marktführerschaft oder Pioniertaten: Blickt das Unternehmen auf seinem Markt auf herausragende Ereignisse zurück?

Wie man „Kult" macht

Praxisbeispiel I:

Ein geradezu lehrbuchmäßiges Beispiel für erfolgreich „reanimierten" Kult verbirgt sich hinter den drei Ziffern 911. Die Porsche-Baureihe steht für hochklassigen Fahrspaß wie kaum ein anderes Automobil. „Moment, Porsche?", werden Sie jetzt vielleicht einwenden, „die hatten ihr famoses Markenimage doch schon immer weg!" Weit gefehlt. Anfang der 90er Jahre stand der Hersteller aus Zuffenhausen miserabel da: Veraltete Baureihen und durchschnittliche Qualität sorgten dafür, dass Porsche-Fah-

ren mehr und mehr eine Sache für alters-schwache Luden wurde – keinesfalls aber für DAX-Vorstände und erfolgreiche CEOs. Dann gelang es dem neuen Porsche-Chef, nicht nur die Modellpolitik zu erneuern, sondern auch die Legende zu neuem Leben zu erwecken.

Sicher: Der Erfolg von Porsche ist vor allem auch ein technologischer Erfolg, der Glanz des 911ers hat seinen Kern in der Qualität und im Design der Fahrzeuge. Dieser Erfolg hätte sich jedoch nie so kraftvoll entfaltet, wenn er nicht von PR und Marketing wirkungsvoll begleitet und untermauert worden wäre.

Kult und Trend brauchen folglich immer ein plausibles Grundkonzept; einen Ansatz, der nicht aus dem Leeren gegriffen ist (also am grünen Marketing-Tisch entstand), sondern auf nachvollziehbaren Tatsachen beruht. Wenn die Medien diesen Ansatz akzeptieren und weiterverarbeiten, haben Sie als Kommunikationsmanager bereits halb gewonnen.

Aus dem Bereich der Biologie stammt in diesem Zusammenhang der Begriff des „Appetenzverhaltens". Für die Kommunikation bedeutet das: Die PR erzeugt jene Reize, die die Medien bereits instinktiv suchen. Die neue angestrebte Wahrnehmung wird (sanft, keinesfalls mit dem Holzhammer) durch gezielte Maßnahmen vorbereitet. Vereinfacht gesagt: Einem Motorjournalisten legt man nicht einfach eine Pressemitteilung des Inhalts „Wir sind wieder da!" vor. Stattdessen zeigt ein Werksbesuch, wie die Ingenieure an

der Wiederbelebung des alten Mythos vom 911er arbeiten – ein plausibles Bild entsteht, das wiederum ins Bild des Reporters passt.

 Merke

Appetenzverhalten löst man aus, indem man gezielt „Themen-Reize" setzt, die in Einklang mit der gewünschten Wahrnehmung der Medien stehen.

Es sei hier der Fairness halber erwähnt, dass die Sache mit den Reizen in der Mehrzahl der Fälle *nicht* funktioniert. Vor allem nicht, wenn sie allzu arg konstruiert ist. Warum? Weil Journalisten (meistens) kluge Leute sind, die sich nicht veräppeln lassen. Wenn die (Medien-)Wirklichkeit anders aussieht als das von Ihnen angestrebte Bild, haben Sie auch als ausgebuffter PR-Profi keine Chance, das Blatt zu wenden.

Praxisbeispiel II:

Ein Negativbeispiel dafür, wie man existierenden Kult nicht nutzt, ist der Kult ums Kultfernsehen – bei dem ausgerechnet die öffentlich-rechtlichen Fernsehsender, die diesen Kult einst schufen, durch Abwesenheit glänzen. ARD und ZDF überlassen das Feld zur Gänze der privaten Konkurrenz, die mit dem Ausschlachten geschickt Image-Transfer betreibt. Wie? Nun, viele Fernsehserien und -figuren der 70er und 80er Jahre bieten geradezu idealtypische Grundvoraussetzungen für erfolgreiche Kultinszenierungen: Enorme Bekanntheit, überaus starke Emotionen, und dennoch waren viele der Sendungen bis vor wenigen Jahren im Staub der Sendearchive versenkt. Anstatt nun den Kult um diese Ar-

chetypen für die eigene Kommunikationsarbeit und zur Beförderung des eigenen Image zu nutzen – und um ganz einfach Quote zu machen –, haben ARD und ZDF das Feld nicht nur kampflos geräumt, sondern sehen auch tatenlos zu, wie die Privaten (die es zu der Zeit ja noch nicht einmal gab) mit Sendungen wie ihren „70er/80er-Shows" und weiteren gefühlsseligen Inszenierungen die fremden Marken zur eigenen Stärkung nutzen. Seien Sie vorbereitet: Wenn Sie bei einem Ihrer Produkte oder innerhalb Ihres Unternehmens die Grundvoraussetzungen für erfolgreichen Kult erkennen und diese Voraussetzungen etwa in bestimmten Traditionen oder Pioniertaten begründet liegen, kann es Ihnen ähnlich ergehen.

Praxistipp

Nicht alles, was alt und emotional aufgeladen ist, ist deshalb auch gleich „kultig". Aber Wenn Sie PR für Marken wie Afri-Cola oder Pril machen, haben Sie die Hauptzutaten bereits vor sich. Jetzt kommt es darauf an, das Kult- und Trendpotential auszuloten und richtig einzusetzen, indem Sie geschickt die erfolgreichen Elemente von früher aufleben lassen und vor Ihren kommunikativen Karren spannen.

Ergo: PR kann Kult zwar nicht schaffen, aber nach Kräften befördern, indem die emotionale Einzigartigkeit von Produkten geschickt gefördert wird.

Egal, wie erfolgreich ein Kult oder Trend auch immer war und möglicherweise noch ist: Vergessen Sie nie, dass alle diese Phäno-

mene Wellen sind, die auch wieder verebben. Reiten Sie das PR-Pferd deshalb nicht zu Tode. Ihre Medienkontakte werden es Ihnen danken.

Burn, baby, burn! Was von PR-Inszenierungen zu halten ist

Es gehört zu den größten Versuchungen modernen Marketings, Skandale und „Medien-Events" zu inszenieren und auf diese Weise Auflagen zu machen und Reichweiten zu generieren, die üblicherweise für teures Werbegeld eingekauft werden müssen. Leider laufen diese Versuche häufig ins Leere und kosten mehr Geld, als sie an Media Value erbringen. Wann also gibt man dieser Versuchung nach – und wann widersteht man ihr besser?

Am Anfang von so manchem PR-Event steht der Glaube „Jede Publicity ist gute Publicity" oder, wie es Mick Jagger von den Rolling Stones einmal formulierte: „Solange sie mein Bild auf Seite eins bringen, ist es mir egal, was auf Seite 98 über mich geschrieben wird." Dieser Glaube stammt noch aus der PR-Steinzeit, als man meinte, jedes noch so langweilige Thema mit einer entsprechend aufwändigen Verpackung ins Licht der Öffentlichkeit rücken zu können – und damit der Unternehmenskommunikation einen guten Dienst zu erweisen.

Die große Herausforderung liegt darin, Events zu kreieren, die Positives bewirken, weil Sie zum Produkt und zum Unternehmen passen.

Praxistipp

Kontra Medien-Events:

Folgende Argumente sprechen gegen schlecht gemachte Medien-Events:

■ Zeitmangel: Keine Redaktion kann es sich heute noch leisten, Mitarbeiter zu Veranstaltungen zu schicken, die keinen (medialen) Output erwarten lassen. Ein Event oder eine Medienveranstaltung, bei der von vornherein klar ist, dass ein Mangel an Informationen mit Glamour überdeckt werden soll, hat wenig Aussichten auf Erfolg. Es sei denn, Sie sind in der Lage, den Mangel an Nachrichtenwert durch wirklich spektakuläre Bilder und eine gute B-Roll wettzumachen.

■ Schlechte Erfahrungen bleiben haften: Es ist eben nicht egal, was auf Seite 98 über Sie geschrieben wird. Wenn Sie zu einem zweitägigen Action-Event bitten, auf dem kaum News präsentiert werden, dann werden Sie bei der nächsten, spätestens übernächsten Veranstaltung nicht mehr viele Einladungen verschicken müssen.

Praxistipp

Pro Medien-Events:

Neben den Dingen, die man vermeiden sollte, stehen allerdings auch Punkte, die *für* gut gemachte und professionell inszenierte Medien-Events sprechen:

■ Sie bieten oft erst den nötigen Aufhänger für eine Berichterstattung, indem sie etwa einen Produktnutzen veranschaulichen oder das Unternehmen/Produkt in einen neuen Zusammenhang rücken.

■ Sie ermöglichen es, persönliche Kontakte zu knüpfen und zu vertiefen.

Mit dem richtigen Ansatz und auf die Bedürfnisse der Medien hin konzipiert, verschafft ein Event auch einem auf den ersten Blick langweiligen Produkt den nötigen News-Faktor.

Praxisbeispiel: Was unterscheidet einen guten von einem mittelmäßigen Event und wie kann derlei aussehen?

Wenn eine Aktion skurril genug ist und nicht nur vordergründig auf Krawall ausgelegt, hat sie gute Chancen, es in den redaktionellen Teil der Medien zu schaffen. Das hat zum Beispiel der deutsche Unterwäschehersteller Bruno Banani bereits mehrere Male bewiesen. So erwarb sich ein Produkt des Unternehmens vor einigen Jahren den Titel „schnellste Unterhose der Welt". Ein in kleinste Teile zerlegter Slip wurde mit etwa 200 Mio. km/h durch den Teilchenbeschleuniger des Forschungszentrums Jülich gejagt. Ergebnis: Präsenz in einem halben Dutzend TV-Sendungen und zahllose Zeitungsartikel zu der schnellen Unterwäsche, die sich nun mit dem selbst erfundenen Prädikat „Speed Proof" schmücken durfte.

Ein weiterer Spezialist auf diesem Gebiet des Marketings ist Red Bull. Der „Red Bull Flugtag" etwa zieht nicht nur regelmäßig Hunderttausende von Besuchern an, sondern ist auch für die Presse ein Mega-Event, bei dem sich Hobbypiloten mit skurrilen, selbst gebastelten Fluggeräten von riesigen Rampen ins Wasser stürzen. Eine Prominentenjury und der Applaus der Zuschauer entscheiden über die Sieger des Wettbewerbs. Dabei steht für die Teilnehmer der Spaß im Vordergrund – und für Red Bull die Publicity, die bislang alle Rekorde brach.

Diese Aktionen haben mit klassischer Pressearbeit wenig gemein. Aber sie funktionieren, weil sie zur Marke passen.

And the Oscar goes to ...

Eines der beliebtesten Vehikel aus früheren PR-Zeiten war die Auszeichnung, neudeutsch „Award" genannt. Ein vermeintlich simpler Kniff verhieß Erfolg bei allen PR-Problemen: Wie baut man ein Produkt ohne besondere Merkmale zu einer interessanten Story um? Indem man den gesamten Markt zur Story macht – den Markt oder sonst irgendeinen Kontext, in dem sich das Produkt bewegt. Dieser Blick von oben wird als Trittbrett für die eigene Kommunikation genutzt.

Praxisbeispiel: Wie „macht" man Awards und welche Fallstricke gibt es?

Mal angenommen, es geht um einen Hersteller von Lernspielzeug, der sich mit mehreren anderen Herstellern von Lernspielzeugen in einem engen Markt tummelt. Was läge da näher, als einen „Learning Award" zu stiften und auszuschreiben, der „innovative Ideen zur Förderung der Entwicklung von Kindern" prämiert? Im Prinzip und in der Theorie wenig: Das Ansinnen ist edel, und in Zeiten der Bildungsmisere dürfte auch das Interesse der Öffentlichkeit groß sein. Könnte man zumindest annehmen. In der Praxis sieht die Sache allerdings schon wieder anders aus. Wer sich einmal die Mühe macht, im Internet entsprechende Ausschreibungen zu recherchieren, stößt in kürzester Zeit auf mindestens ein Dutzend ähnlich gestrickter Angelegenheiten – Unternehmen und Institutionen, die versuchen, ihr (echtes oder aufgesetztes) Bemühen um Bildung und Lernen mittels einer Preisverleihung zu kommunizieren.

Und damit ist das größte Problem dieser Ausschreibungen (wie im Übrigen auch der so genannten Journalistenpreise, bei denen gefällige Artikel belohnt werden sollen) ausgesprochen: ihr inflationäres Auftreten, das bei den meisten Medien nur noch ein müdes Gähnen hervorruft. Dazu kommt, dass viele dieser guten Taten ihren Ursprung in der Eitelkeit der Auftraggeber haben. Der strahlende Stifter, dessen Laudatio auch dem „heute journal" einen Vierminüter wert ist, das funktioniert beim Deutschen Medienpreis (vergeben von Media Control), der regelmäßig an Größen wie Nelson Mandela oder Bill Clinton vergeben wird, und bei „Jugend forscht". In allen anderen Fällen dagegen nicht. Um es auf den Punkt zu bringen: Ein Award ohne innovativen Grundgedanken, üppigste Ausstattung und starken Medienpartner, der die Aktion begleitet, ist fast immer vergebliche Liebesmüh. Bei der Kurzlebigkeit des Medieninteresses erweist es sich zuem häufig als Nachteil, dass sich derartige Aktionen meist über einen längeren Zeitraum erstrecken. Sicher, heute spricht alles über Bildung und verbesserte Bildungschancen. Aber morgen?

Studien & Co. – Experten vor den eigenen Karren spannen

Doch zurück zum Punkt „Märkte und Marktbetrachtung". In der Tat kann es unter PR- und Kommunikationsgesichtspunkten lohnend sein, einen anderen Ansatz zu wagen. Allerdings nicht in Form von Preisen, für die sich sowieso niemand interessiert, sondern indem sie, statt sich selbst in den Vordergrund zu stellen, anderen den Vortritt lassen. Die Rede ist von Experten, die das Publikum durch ihre quasi angeborene Klugheit überzeugen. Das bedeutet: Lassen Sie Forschung und Statistik für sich sprechen.

Wir leben in einer Welt der Wissenschaftsgläubigkeit. Wenn Emotionen – so sie sich denn nicht handfest belegen lassen – für die Pressearbeit mehr oder weniger wertlos sind, dann sind harte Fakten und Zahlen das genaue Gegenteil und die Eintrittskarte in die Redaktionsstube. Am besten kommen diese Fakten von unabhängiger Stelle – von „Experten". Der Experte ist in unserer Zeit das, was früher der Pfarrer war. Sein Wort hat Gewicht, er schlägt in einer unübersichtlichen Welt die Schneisen durch den Informationsdschungel. Man vertraut ihm blind. Wenn Sie das, was Sie zu sagen haben, mit Hilfe eines Experten untermauern können – perfekt! Dabei ist klar, dass ein Experte sowohl kraft seines Amtes als auch in dem, was er in jedem konkreten Fall zu sagen hat, unabhängig sein muss. Genau diese Art von Experte ist Norbert Walter, Chefvolkswirt der Deutschen Bank. Egal, ob zum Euro oder zur schwächelnden Binnenkonjunktur: Wann immer ein profundes und kerniges Statement zur Wirtschaft gefragt ist, gehen die Medien auf ihn zu. Und die Deutsche Bank kommuniziert ganz nebenbei „Kompetenz in ökonomischen Angelegenheiten – das sind wir". Doch seien Sie gewarnt: Versuche, einen eigenen Experten quasi „inhouse" aufzubauen, sind ausgesprochen schwierig und langwierig. Denn natürlich reicht es nicht, einem beliebigen Kandidaten auf der nächsten Pressekonferenz einfach ein Schildchen „Ich bin der Fachmann – bitte fragen Sie mich!" umzuhängen. Jeder Experte wandelt sich binnen Sekunden zum PR-Kasper, wenn er versucht, billige Produktbotschaften unters Volk zu bringen, da es ja gerade die Unabhängigkeit ist, die ihn zum Wissenschaftler und Experten weiht. Neben dem Fachwissen sind für jeden Experten Medienerfahrung und Mediensicherheit die wichtigsten Kompetenzen. Das heißt Sicherheit vor der Kamera, und Sicherheit auch im Umgang mit kritischen Fragen. Und ein Experte muss verfügbar sein. Zaudern, wenn TV-Team XY anruft oder ein Veranstalter für seine nächste Podiumsdiskussion einen passenden Teilnehmer braucht, darf es nicht geben.

Praxistipp

Empfehlungen durch unabhängige und anerkannte Experten sind eine der stärksten Unterstützungen, die Sie sich wünschen können – und daher entsprechend selten. Auf dem Weg zu so einer Empfehlung müssen Sie vermutlich auch von demselben Experten, auf dessen Empfehlung Sie hoffen, Kritik einstecken – genau diese Art von Rundumblick macht den Experten jedoch aus und stärkt seine Glaubwürdigkeit. In diesem Fall, wie auch wenn Sie Fachspezialisten aus dem eigenen Unternehmen zu Industrie-Experten aufbauen wollen, gilt es, langen Atem und Kritikfähigkeit zu besitzen. Sind diese Voraussetzungen nicht gegeben, sollten Sie davon besser Ihre Finger lassen!

Ähnlich wirkungsvoll wie der Experte ist „die Studie". Eine Studie vereint die Vorteile mehrerer Experten in sich, und es gibt wenige Redaktionen, die den Versuchungen einer Studie widerstehen können.

Praxisbeispiel: Wie erarbeitet man eine medienwirksame Studie?

Beachten Sie folgende Punkte:

■ *Das Thema:* In Agenturen verbringen viele Mitarbeiter meist viele Stunden damit, festzustellen, was ankommt und was nicht, was die Menschen bewegt und welches Thema es möglicherweise in die Medien schafft. Dabei ist die Antwort auf diese Frage leichter, als man denkt: Werfen Sie einen Blick in die Zeitung. Da steht jeden Tag drin, was die Menschen bewegt. Und im Zweifelsfall fragen Sie Ihre Mitarbeiter – nicht die Berater, die leitenden Angestellten, und schon gar nicht den Geschäftsführer oder CEO. Fra-

gen Sie die Sachbearbeiter, die Praktikanten und im Zweifelsfall das Putzkommando, was sie bewegt.

■ *Was keinesfalls unterschätzt werden sollte, ist die wissenschaftliche Basis.* Suchen Sie sich einen renommierten Partner. Auch wenn eine Studie in Zusammenarbeit mit einem entsprechenden Institut nicht billig ist, verschafft sie Ihrer Umfrage doch erst die nötige Seriosität.

Wenn Sie also ein massenkompatibles Thema gefunden haben, das mit dem Produkt, das Sie kommunizieren wollen, harmoniert, können Sie beginnen, Ihre Studie mit den nötigen Zahlen und Fakten zu untermauern. Spätestens an diesem Punkt schrecken wegen der hohen Kosten jedoch viele Auftraggeber zurück. Eine sauber erstellte Studie schlägt schnell mit einem fünfstelligen Betrag zu Buche. Trotzdem sollten Sie nicht die auf den ersten Blick billigere Variante wählen und sagen „Das führen wir inhouse durch". Denn einerseits bleibt Ihren Mitarbeitern selten die Zeit, eine halbwegs repräsentative Befragung unter möglicherweise Hunderten von Teilnehmern durchzuführen. Andererseits mangelt es der so durchgeführten Studie fast immer an der Qualifikation – am Studiendesign, an den richtigen Fragen, an der Auswertung. „Na und?", könnte man jetzt denken. Problem: Die (wichtigen) Medien merken solche Fehler schnell. Und nichts wirkt peinlicher als eine Studie, bei der sich herausstellt, dass die eine Hälfte der Ergebnisse ausgedacht ist und die andere vom Praktikanten recherchiert wurde.

Trotzdem lohnt sich der finanzielle und zeitliche Aufwand der professionell durchgeführten Untersuchung. An einer Studie mit einem massenkompatiblen Ansatz kommt kaum eine Redaktion vorbei. Und falls Sie Bedenken haben, sollten Sie sich einen Medienpartner suchen, mit dem Sie die Studie gemeinsam entwickeln und später auch publizieren. Der Vorteil ist, dass zumindest ein Medium über die Story berichten wird.

Todsünde Nr. 4: „Feuerwerk statt Fakten" – Wenn PR zur Event-Abteilung verkommt

„Brot und Spiele" – das war schon für die guten, alten Römer in vielfacher Hinsicht der Schlüssel zum Erfolg. Daran hat sich bis heute nicht viel geändert: Im Grunde braucht gute PR nicht viel mehr als eine gute Absicht und ein Feuerwerk an zündenden Ideen. Journalisten sind bekanntlich ein amüsiersüchtiges Volk – stillen Sie diese Amüsiersucht mit Inszenierungen, die Ihre Konkurrenz erblassen lassen! Und wenn im Nachhinein die erhofften Berichte auf sich warten lassen, sollten Sie vor allem darüber nachdenken, wie der Presse-Event beim nächsten Mal einen Zacken schärfer organisiert werden kann.

5. Krisen-PR und schmutzige Tricks – Wie Sie schweres Wetter durchschiffen und Riffe umfahren

Krisen-PR – das ist etwas für Betreiber von Atomkraftwerken, für chemische Konzerne und große Automobilfirmen. Krisen-PR wird gemacht, wenn in den Tagesthemen der Pressesprecher der Lufthansa vor die Kameras tritt und einen verheerenden Flugzeugabsturz zu erklären versucht. Wenn sich ein Regierungsmitglied nach einer Bombendrohung gegen mangelhafte Sicherheitsvorkehrungen zur Wehr zu setzen versucht. Oder?

Sie sind Inhaber eines kleinen Busunternehmens. Einer Ihrer Fahrer wird mit Alkohol am Steuer angehalten – während er eine Schulklasse in einen Vergnügungspark fährt. Sie sind Restaurantbesitzer. Ein unzufriedenes Mitglied Ihrer Küchenmannschaft verarbeitet etwas sehr Unappetitliches in der Suppe. Der erboste Gast, dem die Mahlzeit serviert wurde, ruft die Polizei an – und einen Reporter der Lokalzeitung. Sie sind Geschäftsführer eines Seniorenheims. Einer Ihrer Bewohner stößt versehentlich ein Glas mit heißem Teewasser um und zieht sich schwere Verbrennungen zu. Bevor Sie mit dem Mann auch nur reden können, klingelt schon ein Reporter des lokalen Radiosenders an.

PR-Krisen können jeden treffen – jederzeit. Und fast immer haben Sie Konsequenzen – spürbare, ökonomische Konsequenzen. Auch wenn Sie meinen, dass Sie noch vergleichsweise billig weggekommen sind, weil der Artikel nur in der Lokalzeitung erschien:

Etwas wird hängen bleiben in den Köpfen der Leser – und damit in den Köpfen Ihrer Konsumenten und Kunden, die sich noch Jahre später an diese fürchterliche Geschichte erinnern werden, als ...

Deshalb gilt: Seien sie vorbereitet – auf alles.

 Merke

Krisen-PR kann schnell zur Notwendigkeit werden – und ohne Vorbereitung wird die Krise schnell zur Katastrophe für das Unternehmen.

Wann kann man überhaupt von einer (Kommunikations-)Krise sprechen? Immer dann, wenn spürbare negative Effekte für das Unternehmen auftreten. Das können Auswirkungen auf Produkte sein, für die Mitarbeiter oder die Unternehmensleitung, für Kunden oder Aktionäre. Es gibt „stille" Krisen, die zunächst eher am Rande der öffentlichen Wahrnehmung ablaufen. Dazu gehören beispielsweise finanzielle Einschränkungen, die das Unternehmen erleidet. Und es gibt „laute" Krisen, die sofort einen hohen Grad an öffentlicher Aufmerksamkeit erzeugen. Das sind zum Beispiel Entlassungen, Streiks oder auch Rückrufaktionen für fehlerhafte Produkte. Diese Einordnung sagt nichts über den Ernst einer Krise aus, also darüber, wie gefährlich die Krise für das Unternehmen werden kann. Denn: Jede Unternehmenskrise kann früher oder später öffentlich werden, also zu einer Herausforderung für den oder die PR-Beauftragten. Oder, wie die Medien sagen: Only bad news are good news.

Die Krise ist da –
Zehn Verhaltensregeln

„Wenn die Krise einmal da ist, sollten Sie bereits einen Masterplan in der Schublade haben", lautet ein oft erteilter Ratschlag. Das ist nett gemeint, in der Praxis allerdings schwer durchführbar, da sich kaum jede erdenkliche Krise im Vorfeld durchspielen lässt. Keine Krise ist wie die andere, und Krisen lassen sich (meistens) schwer vorhersagen.

Praxisbeispiel:
Wie geht man mit Krisen um?
Aber natürlich gibt es für Krisen Verhaltensmaßregeln. Hier sind Sie:

▨ *Stellen Sie sicher, dass das Unternehmen mit nur einer Stimme spricht – und dass die Angestellten diese Regel kennen und beherzigen. Warum? Weil auch gut gemeinte Statements, die vorher nicht abgestimmt wurden, schnell zu einer gewaltigen Dissonanz innerhalb des Unternehmens führen können, in der die eigentliche kommunikative Leitlinie nicht mehr (oder nur noch schwer) vernehmbar ist.*
▨ *Sagen Sie die Wahrheit – schnell, vollständig und mit klaren Worten. Geben Sie sämtliche schlechten Neuigkeiten sofort und ohne Umwege preis. Warum? Weil ohnehin alles ans Licht kommt.*
▨ *Gehen Sie aus der Deckung. Definieren Sie, welche Medien besonders wichtig für das Unternehmen sind, wer die Medienlawine ausgelöst hat (oder Schlimmeres auslösen*

könnte), warten Sie nicht, und sprechen Sie diese Multiplikatoren aktiv an. Warum? Weil in der aktiven Kommunikation die größte Chance liegt, die eigene Position verständlich zu machen.
▨ *Bereiten Sie sich auf alle Interviews vor, indem Sie die zwei, maximal drei wichtigsten Punkte Ihrer Kommunikation vorher schriftlich fixieren. Warum? Weil Sie gerade in Sachen Krisenkommunikation bei jedem Gespräch klar vor Augen haben müssen, was das Ziel der Kommunikation sein soll. Erstellen Sie Q&As (Question-and-Answer-Kataloge), in denen Sie die besonders kritischen Fragen und mögliche Antworten vorwegnehmen.*
▨ *Sagen Sie niemals „Kein Kommentar". Warum? Weil „Kein Kommentar" gleichbedeutend ist mit „Wir fühlen uns schuldig", und weil Sie damit die Kontrolle über die Kommunikation verlieren. Suchen Sie immer nach Alternativen zu „Kein Kommentar", und versuchen Sie, den Medien Ihren Standpunkt klar zu machen. Mehr zu diesem besonders wichtigen Punkt im nächsten Abschnitt.*
▨ *Wenn Sie zu einer Krise befragt werden, die nicht Ihr Unternehmen, sondern ganz allgemein Ihr Business betrifft, antworten Sie erst, nachdem Sie sich folgende Punkte vom Journalisten haben erklären lassen: Worum genau geht es in der Story? Welche Stoßrichtung wird sie haben, welche Tendenz? Mit welchen Branchenvertretern wurde bisher gesprochen? Ohne detaillierte Klärung dieser Dinge haben Sie das einmalige Recht, „Kein Kommentar" zu sagen und aufzulegen. Warum? Weil sonst die Gefahr*

besteht, dass Sie sich zum Zeugen einer Sache machen lassen, über die Sie keine Kontrolle haben.

▓ Werden Sie niemals und unter gar keinen Umständen vertraulich. Warum? Weil es in Krisen keine Freunde gibt, und weil die Chance groß ist, dass Sie ein „Unter uns" später auf Seite eins (über dem Knick) wiederfinden.

▓ Korrigieren Sie Fehler und Missverständnisse sofort. Warum? Weil es auch in einer Krise ein „Darauf kommt es jetzt nicht mehr an" nicht gibt. Jede Kleinigkeit, jedes Detail setzt sich im Bewusstsein der Öffentlichkeit zu einem großen Puzzle der Wahrnehmung zusammen.

▓ Antworten Sie auf Anfragen von Journalisten sofort, das heißt innerhalb von 30 Minuten. Warum? Weil die Story vielleicht schon geschrieben ist, während Sie noch über die richtige Strategie debattieren.

▓ Bleiben Sie cool.

Inhaltlich sollte gerade in einer Krise niemals etwas bekannt gegeben werden, was nicht 100-prozentig abgesichert ist. Notfalls berufen Sie sich darauf, dass Sie noch nicht alle nötigen Informationen besitzen, und kündigen ein neues Statement an (das dann allerdings auch erfolgen muss). Das wiederum heißt nicht, vor die Mikrofone zu treten und „Wir brauchen noch Zeit zur Analyse" zu stottern. Machen Sie stattdessen die klare Aussage, dass Sie an der Lösung des Problems arbeiten und bis zu einem vorher festgelegten Zeitpunkt etwas Bestimmtes tun und sagen können.

> **Merke**
>
> Besonders in der Krise gilt: Erst denken, dann reden!

In Krisen tritt übrigens das Geheimnis guter PR-Berater besonders deutlich zu Tage. Es ist die Fähigkeit, die wichtigsten Journalisten aktiv anzurufen und zu sagen: „Schenk mir zehn Minuten deiner Zeit und höre dir meine Position an." Woraufhin diese dann tatsächlich zehn Minuten ihrer Zeit opfern und den Berater seine Meinung vortragen lassen. Kurz: Es geht um Glaubwürdigkeit.

„Wir sind schuldig!"

Der häufigste und schwerwiegendste Fehler, den in PR-Dingen ungeschulte Menschen begehen, ist es, auf kritische Fragen mit „Kein Kommentar" zu antworten. Diese Antwort soll Stärke signalisieren – „Diese Frage ist so idiotisch, so abwegig oder unhöflich, dass ich es nicht für nötig halte, darauf zu antworten" – bewirkt aber tatsächlich das Gegenteil: Sie zeigt Schwäche und Kontrollverlust. Denn nun beginnen andere, die Fäden Ihrer Kommunikation weiterzuspinnen.

Wie reagiert man also auf eine brüske, böse oder peinliche Frage, die sich nicht mit einem klaren Statement beantworten lässt oder die Sie nicht beantworten möchten? Zu „Kein Kommentar" gibt es die Alternative der so genannten Brückentechnik. Das heißt, Sie schlagen in der Antwort eine Brücke von der Frage des Journalisten zu Ihrem eigenen Statement. Nehmen wir als Frage einmal diese an: „Warum schütten Sie derartig hohe Gewinne an Ihre Aktionäre aus und planen

gleichzeitig Entlassungen bei Ihrer Beleg-
schaft?"

Praxisbeispiel:
Wie schlägt man in der Krise verbale
Brücken und sagt etwas, ohne zu viel zu
sagen?
Und so sehen mögliche Brücken aus:

■ *Antwort: „Wahrscheinlich sehen wir*
die Dinge etwas klarer, wenn wir zunächst
einmal das geschäftliche Umfeld betrachten,
in dem sich unser Unternehmen bewegt ..."
Diese Antwort entspricht der klassischen
Strategie „Nebenkriegsschauplätze eröff-
nen". Mit etwas Glück werden Sie den Jour-
nalisten von seiner ursprünglichen Intention
abbringen und Ihre eigene Botschaft vermit-
teln können.
■ *Antwort: „Ich habe nicht alle Fakten, um*
diese Frage vollständig beantworten zu kön-
nen. Was ich allerdings sicher sagen kann,
ist ..." Anschließend fahren Sie mit Ihrem*
Statement fort.
■ *„Ich weiß, dass wir hier eine Herausfor-*
derung haben. Und ich möchte direkt erklä-
ren, wie wir uns die Lösung vorstellen ..."
Auch hier folgt wieder Ihr Statement.
■ *„Was Sie ansprechen, gehört in einen*
wesentlich größeren Zusammenhang ..."
Hier folgen Ihre Kernaussagen.

Entenjagen

Die Welt ist schön, und Freundschaft ist
das Allerschönste. Natürlich gibt es viele
Beispiele von guter Zusammenarbeit, von
Fairness, und in den meisten Fällen ist das
Miteinander von PR-Leuten und Journalisten so harmonisch, wie es eben geht, wenn
man seinen Stuhl auf verschiedenen Seiten
des Schreibtisches hat. Wenn es allerdings
kritisch wird – und das heißt: wenn die
Medien eine fette Story wittern –, haben
die Reporter nur noch eines im Sinn: ihre
Geschichte. Wenn Sie in diesem Moment im
Fadenkreuz stehen, sollten Sie eines wissen:
Die Journalisten sehen Sie und Ihre Aussage
als notwendige Zutat, die der Geschichte
nützt oder eben nicht. Freundschaft gibt es
dann nicht mehr. Was auch mit unserer, wie
bereits gesagt, atemlosen Medienwelt zu tun
hat. Und natürlich gibt es Tricks, mit denen
findige Journalisten versuchen, von Ihnen
Zitate und Informationen zu bekommen.

Merke

Bei einer guten Story hört die Freundschaft zwischen Medien und PR auf!

Einer dieser Tricks entspricht dem Prinzip
des Entenjagens. Entenjagen ist eine simple
Sache: Der Jäger zielt ein Stück vor das Tier
und hofft, dass dieses, durch den Schuss
aufgeschreckt, direkt in dem Schwarm der
Schrotkugeln fliegt. Für die Medien bedeutet das: Man hofft, die Realität möge sich in
die Richtung entwickeln, in die geschossen
beziehungsweise berichtet oder gefragt wurde. Der „Schuss", das sind Informationen
und Fragen, von denen der Journalist nicht

weiß, ob Sie richtig oder falsch sind, ob sie den Kern der Sache treffen oder nicht. Sie werden geäußert in der Hoffnung, einen Zufallstreffer zu landen. Bevor Sie Opfer einer Entenjagd werden, beherzigen Sie Regel 10 aus dem vorangegangenen Abschnitt: Bleiben Sie cool und am Boden. Eine weitere häufig gebrauchte Technik von Journalisten, die Sie zum Reden bringen möchten, ist die der „feindlichen Fragen".

Viel Feind, viel Ehr

Hinter besonders hart formulierten Fragen steckt natürlich die Absicht, den Antwortenden zu verunsichern, ihn aus der Reserve zu locken. PR-Leute werden immer wieder darauf angesprochen, wie derartige Fragestellungen aussehen können. Dabei ist der entscheidende Punkt weniger der Inhalt als vielmehr, wie man darauf reagiert.

Praxisbeispiel:
Wie lernt man, harte Fragen zu parieren, ohne unerwünschte Informationen preiszugeben?

Das finden Sie am besten heraus, indem Sie Folgendes tun: Schreiben Sie die schlimmste, unerfreulichste Frage auf, die Sie sich persönlich vorstellen können. Keine Hemmungen – mit ein wenig Glück werden Sie sie niemals zu hören bekommen. Dabei spielt es keine Rolle, ob es eine Frage im Zusammenhang mit Ihrem Beruf ist oder eine eher privater Natur. Geht es um Ihren Managementstil oder verpasste Beförderungen? Oder darum, dass Sie wegen einer Fünf in Mathe zweimal sitzen geblieben sind? Schreiben Sie's auf. Anschließend nehmen

Sie sich Zeit und formulieren in Ruhe eine Antwort. Keine ellenlange Rechtfertigungsschrift, sondern eine kurze und intelligente Replik. Üben Sie diese Antwort, bis sie Ihnen in Fleisch und Blut übergegangen ist. Wenn Sie sich trauen, fragen Sie Freunde, Kollegen oder am besten einen PR- und Medienprofi, wie die Antwort klingt. Mit Hilfe dieser Übung erreichen Sie zwei Dinge: Sie werden sich auch bei anderen problematischen Fragen vorbereitet fühlen. Und Sie werden lernen, das jämmerliche „Kein Kommentar" zu vermeiden.

Eine Vielzahl von Leuten, die einem Journalisten gegenüber „Kein Kommentar" äußert, meint übrigens in Wahrheit „Ich weiß es nicht"; vielleicht weil sie glauben, dass „Kein Kommentar" forscher und im Zweifelsfall weniger entblößend klingt. Ein Fehler – wann haben Sie das letzte Mal einen Bericht gesehen oder gelesen, bei dem jemand zitiert wurde, der „Ich weiß es nicht" sagte? Eben. „Ich weiß es nicht" ist für jeden Journalisten das denkbar schlechteste Zitat. Es spricht wenig dagegen, einem Journalisten auf eine Frage „Ich weiß es nicht" zu entgegnen (es sei denn, Sie fallen durch chronische Unwissenheit auf).

Praxistipp

„Ich weiß es nicht" oder „Diese Information muss ich Ihnen nachreichen" kann eine durchaus passende Antwort sein, sofern Sie auch in der Lage sind zu erklären, warum Sie die Antwort nicht geben können.

Grundsätzlich gilt es natürlich bei allen Fragen, die Sie aus der Reserve locken sollen, Fassung zu bewahren, egal wie sie formuliert sind. Hier sind mögliche Antworten:

▨ „Ich würde nicht diese Worte wählen. Wenn Sie mich fragen, ob [hier wiederholen Sie die Frage in Ihren Worten], dann kann ich Ihnen sagen, dass ..."

▨ „Ihre Frage wirft ein Schlaglicht auf ein großes Missverständnis, mit dem wir immer wieder konfrontiert werden." Dann formulieren Sie Ihr Statement.

▨ Im schlimmsten Fall sagen Sie einfach: „Ihre Frage ist beleidigend, und ich werde sie nicht beantworten."

Was tun, wenn der Reporter Ihnen eine Frage stellt, die augenscheinlich nichts mit Ihrem Business, Ihrer Firma und Ihrer Person zu tun hat? Sagen Sie Folgendes:

▨ „Dieser Sachverhalt hat offensichtlich nichts mit uns/unserem Unternehmen zu tun. Trotzdem danke, dass Sie meine Meinung zu diesem Fall hören möchten. Ich würde vorschlagen, dass Sie Herrn/Frau XY dazu befragen." Geben Sie dem Journalisten den Namen eines Ansprechpartners, von dem Sie annehmen können, dass er oder sie in dieser Sache weiterhilft.

Die sanfte Tour

Wie gefährlich können Journalisten werden, um an Informationen und Statements zu kommen? Sehr gefährlich – aber nicht immer wählen sie die brutale Variante. Was auch damit zusammenhängt, dass die Nai-

vität vieler Menschen im Umgang mit den Medien nahezu grenzenlos ist. Den richtigen Ansatz vorausgesetzt, gerät so gut wie jeder Medienprofi ins Plaudern. Und wundert sich hinterher, dass der schonungslose Insiderbericht mit „vertraulich" gegebenen Zitaten nur so gespickt ist. Im schlimmsten Falle taucht sogar der eigene Name im Zusammenhang mit Informationen auf, die man lieber für sich behalten hätte. Wie kann es so weit kommen? Um es plastisch auszudrücken: Nicht immer bimmelt ein Journalist bei Ihnen an und versucht, Sie fertig zu machen. Manchmal packt er Sie auch da, wo jeder Mensch am verletzlichsten ist: bei der Eitelkeit. Gerade unter leitenden Angestellten und Top-Managern ist die Sucht und Suche nach Publicity weit verbreitet. So gut wie jeder CEO würde für eine Personality-Story in der Wirtschaftswoche oder dem manager magazin seinen linken Vorstand geben. Das wissen auch die Medien, die diese Begehrlichkeiten zu nutzen wissen. Meistens indem sie einem potentiellen Informanten zunächst das Ego salben. Es gehört zu den größten Herausforderungen, in solchen Fällen standhaft zu bleiben.

Praxisbeispiel:
Wie schafft es ein Journalist, Ihre Eitelkeit auszunutzen und so an die von ihm begehrten Informationen zu kommen?
Die nachfolgend skizzierte Masche gehört zu den größten Tricks der Medienprofis – und wird häufig noch nicht einmal als solcher erkannt. So sieht sie aus:

Jeder Mensch hat ein Lieblingsthema: sich selbst. Diese Erkenntnis, die Smalltalk-Profis gnadenlos nutzen, hilft auch, um selbst den härtesten Konzernchef zum Sprechen zu bringen. Denn zu dieser weit verbreiteten Selbstbezogenheit gesellt sich meist ein gewaltiges Mitteilungsbedürfnis. Je weiter Sie in der Hierarchie eines Unternehmens nach oben blicken, desto stärker ist auch dieses Mitteilungsbedürfnis ausgeprägt. Der Grund: Wer oben steht, ist in der Regel auch dominant. Das Mittel der Dominanz war in der Steinzeit die Keule, heute ist es das Wort. Daraus folgt: Wer dominant ist, redet gerne, egal ob in Meetings, beim Smalltalk oder vor versammelter Mannschaft. Tatsächlich wird ein erfahrener Journalist seinen Informanten oder eine wertvolle Quelle nicht unbedingt mit Unnachgiebigkeit oder harten Fragen quälen. Ebenso wahrscheinlich ist das Gegenteil: dass er den Befragten nach Herzenslust dominieren und reden lässt. Für den Interviewten ist das ein doppelter Genuss. Er fühlt sich seinem Gegenüber überlegen und kann seine Sicht über den Lauf der Welt ausbreiten. Aus diesem großartigen Gefühl heraus verliert so mancher Befragte das, was sich bei einer scharfen Frage wie ein Schutzwall um ihn herum aufgebaut hätte: seine Vorsicht. Ergebnis ist eine lockere Plauderatmosphäre, in der Unachtsamkeit entsteht und mehr vertrauliche Informationen die Seiten wechseln als im schärfsten Interview. Hier sind einige Beispiele für Fragen, die mit etwas Glück – oder Pech, je nach Sichtweise – auch den härtesten Vorstandsvorsitzenden erweichen:

▪ *„Ihr Markenportfolio ist unschlagbar. Wie haben Sie das gemacht, der Konkurrenz so schnell davonzueilen?"*

▪ *„Ihr Managementstil hat für viele andere Führungskräfte Vorbildcharakter. Wie würden Sie ihn charakterisieren?"*

Gibt es Menschen, die gegen diese Art der Schmeichelei immun sind? Auf den ersten Blick ja. Doch auch diese seltene Spezies kann mit einer einfachen Aussage in die Falle gelockt werden:

▪ *„Sie sind bekannt für Ihr absolut uneitles Verhalten. Ihnen kann niemand schmeicheln."*

Selbst wenn der Angesprochene die dahinter verborgene Taktik durchschaut: Er wird dem Fragesteller im Stillen Recht geben und Stolz empfinden. Stolz verursacht Hochgefühl – Hochgefühl macht unvorsichtig.

Wenn Sie als Pressesprecher in einem Unternehmen arbeiten und für das Wohl und Wehe der Unternehmenskommunikation zuständig sind, ist es nicht nur Ihre Aufgabe, den Boss und seinen Aufsichtsrat auf Krisen und kritische Fragen vorzubereiten. Ebenso angebracht sind Warnungen vor derlei Schmeicheleien. Die größten Skandale decken Journalisten nicht selten beim Abendessen mit dem CEO auf, nach dem zweiten oder dritten Bier.

Praxistipp

Lassen Sie sich nicht aufs Glatteis locken – je scheinbar unverfänglicher die Situation und je harmloser der Gesichtsausdruck des Journalisten, desto mehr Vorsicht ist angebracht. Bereiten Sie sich gründlich vor, indem Sie sich mit Worst-Case-Fragen und Ihren Antworten darauf nicht nur vertraut machen, sondern diese regelrecht pauken.

Und falls Sie (oder Ihr CEO) im Umgang mit den Medien zu allzu großer Ausgelassenheit und unbedachter Plauderei neigen, denken Sie an das Beispiel des Bischofs. Ein Kirchenmann war in kirchlicher Mission unterwegs und wurde nach seiner Ankunft in New York von einem Reporter gefragt, ob er denn auch die örtlichen Nachtclubs besuchen wolle. *„Gibt es irgendwelche Nachtclubs in dieser Stadt?"*, antwortete der Bischof vorwitzig. Am nächsten Tag erschien die Zeitung mit der Schlagzeile: „Erste Frage des Bischofs bei Ankunft: Gibt es irgendwelche Nachtclubs in dieser Stadt?"

Gerüchte – Der unsichtbare Feind

Es wurde bereits angesprochen: Der Mensch ist ein äußerst mitteilsames Wesen. Am liebsten hat er Geschichten über unerhörte, außergewöhnliche Dinge – seien sie nun wahr oder nicht. Zum Beispiel die von der Warsteiner Brauerei, die eine Sekte finanziert. Oder die von vergifteter belgischer Coca-Cola. Oder die von Birkel-Nudeln, in denen verkeimte Eier verarbeitet werden.

Gerüchte sind der Horror jeder PR-Abteilung. Während man in einer herkömmlichen Krise dem Feind meist mit offenem Visier

gegenüber steht, sind die Urheber von Gerüchten nur schwer auszumachen, das Gerücht selbst ist kaum totzukriegen. Gegen Gerüchte helfen keine Pressemitteilungen, und Gerüchte am Stammtisch lassen sich auch nicht mit einer einstweiligen Verfügung stoppen. Gerüchte sind das kalte, brutale Gegenteil von Kult und Trend. Für Journalisten sind Gerüchte dagegen nicht selten ein Glücksfall: Sie müssen keine stundenlangen Pressekonferenzen mit lahmer Präsentation erdulden und sich am Ende die Informationen mit vielen Kollegen teilen.

Zur Bekämpfung von Gerüchten gelten die gleichen Regeln wie für herkömmliche Krisen-PR. Mit einer entscheidenden Ergänzung: Für das Unternehmen ist es überlebenswichtig, die Ursache sowie den Urheber des Gerüchts dingfest zu machen. Wenn beispielsweise über einen (vermeintlichen) Finanzskandal berichtet wird, kann das entweder auf einem Irrtum der Medien oder auf gezielter Desinformation beruhen, etwa von Seiten der Konkurrenz, aber auch durch einen der eigenen Mitarbeiter.

Um die Quelle gezielter Desinformation ausfindig zu machen, helfen Medien- und Kundenkontakte, vor allem aber auch der Vertrieb. Gerade Vertriebsleute besitzen meist detaillierte und über die Jahre gefestigte Branchenkenntnis und kennen die Wettbewerber. Und sie wissen, mit welchen (auch krummen) Methoden die Konkurrenz arbeitet. Vertriebsleute kommen Gerüchten deshalb meist schneller auf die Schliche als ein (externer) Krisenkommunikationsstab.

Wichtig ist es deshalb, gerade den Vertrieb in Sachen Gerüchtebildung zu sensibilisieren. Wenn der Urheber eines Gerüchtes erst einmal ausfindig gemacht ist, muss er direkt und offensiv angegangen werden – häufig reicht das schon, um das Gerücht zu stoppen.

Aber schaden Gerüchte der PR wirklich immer? Mitnichten. Sie können Gerüchte auch positiv für die eigene PR nutzen – oder vielmehr: die Mechanik von Gerüchten. Wichtig: Die Story, die Sie wählen, darf auf gar keinen Fall aus zusammengelogenen Fakten bestehen. Das kommt raus – immer. Stattdessen kommt es darauf an, die Aufgabe des Journalisten selbst zu übernehmen, und das heißt: Geschichten streuen, über die die Leute reden – positive Geschichten über die eigenen Produkte. Das ist nicht einfach. Dafür muss sich der PR-Berater in die Rolle eines Journalisten hineinversetzen. Er muss recherchieren, alle denkbaren unterschiedlichen Sichtweisen prüfen und vor allem checken, ob die Geschichte für die Medien von Relevanz ist. Dann folgt die Medienansprache, also das Angebot an die Medien, die Story aufzugreifen. Und wo liegt die Verbindung zum Gerücht? Sie suchen ein Thema, über das die Menschen und Medien sowieso häufig sprechen, und verlängern es dann für Ihre Zwecke. Mehr dazu im nachfolgenden Abschnitt.

Praxistipp

Verfeinern Sie Ihre Medienarbeit, indem Sie Gerüchte gekonnt eingesetzt für Ihre eigenen Ziele arbeiten lassen: Eine geschickt lancierte inoffizielle Meldung, die lange nicht bestätigt oder sogar widerrufen wird, um dann doch zum großen Produkt-Launch zu führen, verschafft Ihnen mit Sicherheit mehr Medienecho als eine Standard-Pressemitteilung.

Mehr Tricks? Bitte: So kommen Sie in die Zeitung

Die Frage ist so alt wie Public Relations selbst: Unser Unternehmen ist einer der weltweit führenden Hersteller von polymerbasierten Rectifier-Dioden. Wie kommen wir in die Presse?

Den eigenen Namen in den Medien zu lancieren ist in vielerlei Hinsicht eher eine Kunst als eine Wissenschaft. So hat zum Beispiel Apple Computer einen deutlich kleineren Marktanteil bei PCs als etwa Acer oder Toshiba. Wer nun aber glaubt, dass Apple deswegen weniger Aufmerksamkeit in den Medien erhält, täuscht sich. Im Gegenteil, die Aufgeregtheit, mit der Journalisten über die Veranstaltungen und Pressekonferenzen von Apple berichten, würde eher die Vermutung nahe legen, dass man es hier mit einem Unternehmen zu tun hat, dass – wirtschaftlich gesehen – in derselben Liga spielt wie Chevron-Texaco, Siemens oder Toyota.

> **Merke**
>
> Die Relevanz eines Unternehmens in den Medien entspricht nicht unbedingt der wirtschaftlichen oder tatsächlichen Bedeutung der Firma. An dieser Medienrelevanz können Sie meist perfekt ablesen, wie gut es ein Unternehmen versteht, zu kommunizieren und sich zu positionieren.

Einige Leute geben den Medien die Schuld an derlei unausgewogener Berichterstattung. Andere sehen den Grund in der aktiven (oder passiven) Positionierung des Unternehmens. Realistisch betrachtet spielen beide Faktoren eine Rolle: Das Können oder Nicht-Können der Unternehmenspressestelle ebenso wie Routine und Vorurteile der Berichterstatter.

Praxisbeispiel: Wie lässt man die Medienmaschine zum eigenen Vorteil und zum Vorteil des Kunden arbeiten?
Dazu hier ein paar simple Regeln und Empfehlungen:

Grundsätzlich gilt: Jeder Tag ist ein neuer Tag. Reporter haben in etwa die Aufmerksamkeitsspanne einer Hauskatze – und das ist nicht abwertend gemeint, im Gegenteil. Für viele Kollegen der schreibenden Zunft ist genau das der Reiz des Berufs. Natürlich gibt es Projekte und Artikel, die Tage oder vielleicht auch mal Wochen andauern. Aber die allermeisten Themen kommen morgens auf den Tisch und verlassen am Nachmittag auf Nimmerwiedersehen die Redaktion: fertig, das war's. Die meisten Journalisten können sich nur mit Mühe erinnern, was sie zwei Tage zuvor geschrieben haben.

Der Pitch für Ihren Kunden und Ihr Produkt muss also die Attraktivität einer Gummimaus haben. Halten Sie der Katze die Beute morgens (vor der Nachrichtenkonferenz) vor die Nase, und versuchen Sie, sich damit einen Termin zu einem weiterführenden Gespräch zu sichern. Falls das nicht klappt: Probieren Sie es einen Tag später nicht einfach mit einer Gummimaus in anderer Farbe, sondern besser mit einem Wollknäuel – also hinreichend modifizierter Beute.

Fahren Sie Ihren Mitbewerbern auch mal an den Karren! Über Jahre hinweg hat sich beispielsweise der Server- und Software-Hersteller Sun als die einzige Macht im Universum dargestellt, die der Dominanz von Microsoft erfolgreich trotzt. Ironischerweise aber sind Sun und Microsoft in den meisten Geschäftsfeldern gar keine direkten Wettbewerber, da sich Microsoft auf low-end-Server konzentriert, während Sun daran arbeitet, den high-end-Server-Markt zu bedienen. Trotzdem hat diese Positionierung Sun enorm geholfen, bekannt zu werden. Zudem waren die PR-Scharmützel immer wieder für Abdrucke gut – ohne dass Scott McNealy jemals Gefahr lief, sich ein direktes Duell mit Bill Gates liefern zu müssen.

Unter die Rubrik „Die Konkurrenz ärgern" fällt auch ein anderer hübscher Ansatz aus der PR-Trickkiste. Szenario: Sie sprechen mit einem Journalisten und hören, dass er morgen ein Interview mit dem CEO Ihres direkten Konkurrenten hat. Oder Sie sehen alte Bekannte auf der Presseliste einer Konferenz/Messe, an der Sie selbst nicht teilnehmen – Ihre Konkurrenz aber sehr wohl, und können mit hoher Wahrscheinlichkeit annehmen, dass es dort zu Gesprächen und Interviews kommt. Warum also in so einem Fall nicht einfach mal nett sein – allerdings zum Journalisten und nicht Ihrem Wettbewerber? Sie kennen den Markt und das Produkt der Konkurrenz (vor allem dessen Schwächen) und schreiben dem Journalisten eine freundliche E-Mail, in der Sie ihm fünf gute (und für die Konkurrenz harte) Fragen für sein Interview mit auf den Weg geben. Als gedankliche Anregung, sozusagen. Wetten, dass Ihr Mitbewerber ganz schön ins Schwitzen kommt?

Der Klassiker, der Ihnen immer gute Chancen bei den Medien verschafft, ist aber nach wie vor: **Wissen, wer was schreibt!** Es ist vergeudete Zeit (und zwar für beide Seiten), wenn Sie einem Journalisten vom CRM-Markt eine Geschichte zum Thema J2EE anbieten, dieser aber nur über Game-Konsolen berichtet. Lesen Sie die Medien, die Sie pitchen, gründlich, schauen Sie auf die Website des betreffenden Magazins und recherchieren Sie ein bisschen – um den passenden Journalisten zu finden, der sich mit Ihrem Thema befasst. Falls das nicht gelingt, lassen Sie sich mit der Redaktionsassistenz verbinden und fragen Sie nach dem Kontakt für Ihr Thema.

Bieten Sie „Exklusiv-Geschichten" nicht einen Tag später an. Firmen versuchen bisweilen, eine Exklusiv-Story in einem großen, nationalen Medium (FAZ/FTD/Handelsblatt etc.) zu platzieren, um dieselbe Geschichte dann am Tag darauf als Exklusiv-Interview mit dem CEO oder einem anderen Executive noch einmal an andere Medien weiterzureichen. Dummerweise kommt der Anruf mit diesem Angebot immer genau ein paar Minuten, nachdem das Medium der zweiten Wahl gerade einen Bericht darüber geschrieben hat, warum an der Geschichte sowieso nichts dran ist. Die Moral: Lassen Sie es – exklusiv ist exklusiv, und der Versuch, die Geschichte in den nächsten Tag zu ziehen, ist fast immer problematisch.

Und auch die üblichen Grundregeln sollten Sie im Umgang mit den Medien einhalten:

Benutzen Sie Ihren Vor- und Nachnamen, wenn Sie sich am Telefon melden. Das hier ist nicht Tolkiens Mittelerde, wo Sie durch Vornamen und Stammeszugehörigkeit – ich bin Jörg, Sohn der Burson und Marsteller – klar identifiziert sind. Für einen Journalisten ist es schlicht irritierend, wenn sich jemand, den er nie persönlich getroffen hat, nur mit „Ich bin's, Stefan" am Telefon meldet, bevor er versucht, eine längere Unterhaltung über ein Produkt zu beginnen.

Nehmen Sie's nicht persönlich, aber denken Sie mal drüber nach – **ist es wirklich eine Nachricht,** wenn Lamprey Software verkündet, einer Kette regionaler Supermärkte die Distributionskosten innerhalb von drei

Monaten um 32 Prozent verringert zu haben? Lassen Sie sich nicht vom scheinbaren Interesse im Gesicht Ihres Gesprächspartners täuschen: Manche Themen sind einfach nicht zur Veröffentlichung gemacht.

Behaupten Sie so selten wie möglich, das erste, führende, beste oder erfolgreichste Unternehmen zu sein. So gut wie jedes Unternehmen behauptet das von sich, und die meisten Leser glauben es sowieso nicht. Die Sache mit dem „ersten" hat noch einen weiteren Haken – das kann leicht nach hinten losgehen. Advanced Micro Devices (AMD) behauptete eine Zeit lang, der Erste bei einer Reihe von Durchbrüchen bei Dual-Core Prozessoren zu sein. Aber Intel machte AMD einen Strich durch die Rechnung und brachte seinen Dual-Core-Chip ein paar Tage früher auf den Markt. Mit dem Resultat, dass die ganze schöne Kampagne, die AMD über Monate gestrickt hatte, auf einmal ziemlich lächerlich wirkte (und das sogar rückwirkend).

Lassen Sie die Executives ausreden! PR-Berater haben immer die Befürchtung, dass deutliche oder ungewöhnlich klare Worte des CEO oder eines anderen hochgestellten Unternehmensvertreters in der nächsten gedruckten Ausgabe landen und dem Unternehmen schaden. Keine Frage, das kann natürlich passieren. Aber das Unternehmen kann davon langfristig auch profitieren. Wenn nämlich der Journalist (und mit ihm seine Redaktion) das Gefühl haben, dass der CEO mit Ihnen offen ist und sie als seinesgleichen ansieht, wird alles, was er sagt, für

bare Münze genommen. Indirekte Schmeicheleien können bei Journalisten eben auch nützlich sein. Vergessen Sie bei aller Offenheit aber nie, was Sie kommunizieren und wohin Sie das Gespräch lenken wollen, sonst kann das leicht danebengehen.

Erfinden Sie keine neuen Begriffe. Es war im Jahr 1997, als Mike McCaffery, President und CEO der Tech-Investment-Bank Robertson, Stephens & Co., einige Journalisten bei einer Konferenz zusammenrief, um mit ihnen über die neue Internet-Strategie seines Unternehmens zu sprechen. „Wir nennen es die Webolution", sagte er. Die Antwort darauf war langes Schweigen aller Anwesenden.

Und noch ein Trick aus der PR-Kiste: **Lassen Sie Informationen durchsickern.** Natürlich muss das ganz kontrolliert und planmäßig geschehen. Die Idee dahinter ist, dass Sie die Medien und die Welt eines Tages nicht einfach mit einer neuen Produktreihe von Laptops überraschen, sondern das Ganze ein bisschen geschickter anstellen. Etwa, indem Sie erst Gerüchte bestätigen, wonach Ihre Firma tatsächlich an einer neuen Produktreihe arbeitet, danach schweren Herzens den Code-Namen der Produktreihe verlauten lassen, woraufhin Sie schließlich ein vorläufiges Erscheinungsdatum bestätigen. Sie haben damit statt einem gleich drei Medienberichte über dasselbe Thema erreicht.

Gekaufte PR

Kommen wir zu einem der finstersten Kapitel bei Public Relations – zum Thema Geld und PR. Dabei geht es nicht um Agenturhonorare oder darum, was man als Pressesprecher verdienen kann. Sondern um gekaufte Redaktion. Gut möglich, dass Sie bereits bis hierher vorgeblättert haben, um endlich festzustellen, wie man auf dem vermeintlich einfachsten Wege endlich an jene Berichte kommt, von denen Ihr Boss immer träumt. Tatsache ist: Es gibt sie, die Berichte, bei denen ein Journalist die Hand aufhält, ein PR-Berater zahlt, und bei denen am Ende in der Zeitung das zu lesen ist, was der CEO sich wünscht. Insbesondere im TV-Bereich ist das Zahlen und Annehmen von so genannten Produktionskostenzuschüssen weit verbreitet, und auch viele Magazine im mittleren und unteren Segment lassen sich wohl gesinnte Berichterstattung bezahlen. Wie initiiert man derlei, insbesondere, wenn man als PR-Berater von seinem Boss eine mehr oder weniger unumwundene Aufforderung erhalten hat? So in der Art „Wie macht unsere Konkurrenz das bloß? Haben wir etwa nicht die richtigen Kontakte in der Redaktion sitzen?"

Ganz einfach: Man fragt. Nicht zu direkt, das könnte peinlich werden, falls das Ansinnen abgelehnt wird, sondern eher durch die Blume. Die wortreiche Umschreibung vom „Produktionskostenzuschuss" hat hier schon manchen Dienst erwiesen. Warum ist an dieser Stelle trotzdem dringend davon abzuraten? Weil es sich nicht lohnt. Einen qualitativ hochwertigen Bericht, der etwas anstößt und wirklich für Sie, Ihr Produkt und Ihr Unternehmen arbeitet, werden Sie so nicht bekommen. Sie schaffen stattdessen kommunikative Eintagsfliegen. Warum? Weil die Berichte nicht den Tatsachen entsprechen. Zudem sind die Beziehungen zu den Medien, die Sie auf diese Weise aufbauen, nicht von Dauer und in Krisen nicht haltbar.

In diesen Zusammenhang gehören zum Beispiel die „Druckkostenzuschüsse", die Pharma-PR-Agenturen und die Pharma-Industrie immer wieder an die Pharmazeutische Fachpresse zahlen, wenn ein Interview, eine Produktbesprechung oder eine Pressemitteilung zu veröffentlichen sind. Dabei geht es nicht immer gleich um Tausende von Euros, aber auch kleine Beträge hinterlassen einen schalen Beigeschmack. Gerade in der Pharma-Industrie weit verbreitet sind journalistische Lustreisen und damit verbundene „Pressekonferenzen", bei denen die Pressekonferenz zur Nebensache wird. Tatsächlich kommt es einigen dieser „Journalisten" eher auf den Taxi-Service zum Flughafen, auf den ausladenden Trip selbst und auf die kleinen Präsente auf dem Hotelkissen an als darauf, einen kompetenten Fachartikel zu schreiben, der trotzdem neutral ist. Es gibt sogar Fälle, in denen „Journalisten", die nicht an solch einer Pressekonferenz teilnehmen können, darauf bestehen, die Reisekosten für die „entgangene" Reise von der PR-Agentur erstattet zu bekommen.

> **Merke**
>
> Bezahlte Medienpräsenz existiert zwar offiziell nicht, ist aber trotzdem möglich und in manchen Branchen sogar fester Bestandteil des Businessplans der Verlage. Für langfristig erfolgreiche PR – insbesondere in Krisenzeiten – lohnen sich Berichte, die auf diese Art und Weise entstehen, jedoch kaum.

Der „Friday Dump"

Egal, wie gut es Ihrem Kunden oder Unternehmen auch gehen mag, egal, welche politische Partei Sie als Pressesprecher vertreten, irgendwann kommt immer mal der Tag, an dem es auch schlechte Nachrichten zu verkünden gibt. Nicht genug damit, dass man ohnehin Probleme hat, nun muss man sie auch noch kommunizieren, die Entlassung des leitenden Angestellten, die Probleme in der Partei – oder was auch immer es sein mag.

Aber muss das wirklich sein? Sicher, Probleme treten überall auf, und wo etwas geleistet wird, entstehen auch Fehler – aber ist es wirklich nötig, dass die Medien derlei mit voller Wucht mitbekommen? Nicht unbedingt, denn es gibt ein winziges Schlupfloch für Informationen, die man zwar verbreiten muss (etwa aus rechtlichen Gründen), aber

nicht unbedingt verbreiten möchte: den „Friday Dump".

> **Merke**
>
> Der „Friday Dump" ist der trickreiche Weg, Informationen herauszugeben, die man eigentlich lieber für sich behalten möchte. Beim Friday Dump können Sie verhältnismäßig sicher sein, dass ein unangenehmes Thema ohne allzu große Presseresonanz verschwindet.

Diesen „Freitagsmüll" kennt man in den USA aus der Nachrichtenpraxis des Weißen Hauses – und zwar nicht nur von der derzeitigen Regierung. Auch das Pentagon und andere „National Agencies" verfahren nach diesem Muster. So hat das Weiße Haus für unbequeme Meldungen einen besonderen Trick. Die Nachrichten werden am Freitag lanciert – und das möglichst spät, so dass die Zeitungsredaktionen schon geschlossen und die Redakteure daheim bei Frau und Kindern sind.

Praxisbeispiel:
Wie funktioniert der „Friday Dump"?
Anschaulich erläutert wurde dieser Trick der amerikanischen Pressesprecher in der US-Polit-Soap-Serie „West Wing". Der stellvertretende Stabschef im Weißen Haus erklärt seiner Assistentin, wie die Sache funktioniert: „Alle Informationen, die wir am liebsten nicht veröffentlichen würden, geben wir freitags raus." Die Assistentin versteht zuerst nicht – und fragt stellvertretend für die Zuschauer, warum das so sei. „Weil niemand am Samstag Zeitung liest", ist die lakonische

Antwort. Auch wenn das nicht ganz stimmt, so sind doch die meisten Leute am Wochenende eher mit privaten Dingen beschäftigt; Familie, Shopping oder Freizeit spielen eine größere Rolle als das Lesen des Politikteils der Zeitung. Die PR-Profis im Weißen Haus wissen, dass der Hunger der Öffentlichkeit nach (Politik-)Nachrichten am Wochenende stark abnimmt.

Der öffentliche und unabhängige US-Radiosender „National Public Radio" hat diese Praxis im Juni 2005 untersucht. So sammelte NPR ein paar dieser durchaus relevanten Meldungen, die bewusst zur Unzeit herausgegeben wurden:

- „Zwei Top-Wirtschaftsexperten sind zurückgetreten"
- „Vizepräsident Al Gore hat die Herausgabe von Protokollen angeordnet"
- „Aufzeichnungen über Bushs Militärdienst sind bekannt geworden"
- „Die Namen von 361 Personen, die im Weißen Haus übernachtet haben" – bei diesen Gästen des Präsidenten handelte es sich um Leute, die sich ihre Nacht in Amerikas wichtigstem Haus meist mit erheblichen Parteispenden erkauften.

Praxistipp

Themen, über die man nicht so gerne redet, behandelt man am besten am Freitagabend – möglichst nach Redaktionsschluss. Zweitbester Termin ist übrigens der Montagmorgen – so gegen 11:00 Uhr, auch hier geht es darum, die morgendliche Redaktionskonferenz zu „verpassen", und bis Dienstag ist die Geschichte dann hoffentlich schon so veraltet, dass sich niemand mehr dafür interessiert.

Wer ganz auf Nummer sicher gehen will, versucht den Termin für den „Dump" so zu legen, dass er zusätzlich auch noch auf ein langes Wochenende fällt – denn dann liest garantiert keiner die Zeitung am Samstag.

Diese fragwürdige Art der Nachrichtendistribution ist übrigens nicht nur im Hause Bush üblich. Torie Clarke, die Pressesprecherin des Pentagon bis Juni 2003, und Joe Lockhart, ein „Press Secretary" der arg gebeutelten Clinton-Regierung, bestätigen ähnlichen Umgang mit negativen Nachrichten im Auftrag ihrer jeweiligen Dienstherren.

Doch so clever das auch klingen mag, der „Friday Dump" hat einige gewaltige Haken, die Sie ebenfalls kennen sollten. Zunächst einmal das Offensichtlichste: Durch diese Art der Verbreitung von Nachrichten, die recht nahe an der Manipulation ist, machen Sie sich bei den Medien garantiert keine Freunde. Im Gegenteil: Sie können damit rechnen, dass die Journalisten, die über Ihre Organisation, Ihr Unternehmen und dessen Produkte berichten, diesen Trick schnell mitkriegen – niemand auf Medienseite wird wirklich begeistert davon sein. Ein wirklich langfristiges und vertrauensvolles Verhältnis zu den Zielmedien ist so kaum aufzubauen.

Aber auch die Durchführung des „Dump" birgt zumindest ein Risiko. Selbst wenn Sie darauf bauen, dass Ihre Meldung untergeht: Sie müssen damit rechnen, dass jemand in der Redaktion sie liest – und mehr darüber wissen will. Nun sind das am Wochenende oft nicht die Experten, die „A-Teams", die ihr bestimmtes Thema die ganze Woche hindurch behandeln und deswegen wirkliche Fachleute mit Hintergrundwissen sind. Stattdessen kann es passieren, dass sich ein „Ersatzspieler", jemand aus dem „B-Team" Ihres Themas annimmt, der nicht mit der Problematik vertraut ist. Resultat: Sie müssen wesentlich mehr erklären, Hintergründe begreiflich machen und laufen Gefahr, dass Missinterpretationen entstehen. Ebenfalls problematisch: Seit es Internetmedien und damit keinen Sendeschluss mehr gibt, erst recht, seitdem die Menschen per Blog die Nachrichten in die eigenen Hände nehmen, ist es immer schwieriger geworden, relevante Nachrichten einfach so zu vertuschen. Sobald das Interesse der Öffentlichkeit an einem Thema wächst, berichten die Medien automatisch besser, um dieses Interesse zu bedienen, und dann müssen die Unternehmen und deren Pressesprecher reagieren und die Informationen herausrücken – Freitagsmüll hin oder her. Einen richtig dicken Skandal werden Sie auch mittels „Friday Dump" nicht unsichtbar machen können.

 Merke

Den „Friday Dump" sollten sich PR-Profis für absolute Notfälle aufheben – zu Risiken und Nebenwirkungen fragen Sie Ihren CEO oder Agenturchef.

Todsünde Nr. 5:
Auf Regen folgt stets Sonnenschein – Krisen aussitzen

Jeder Kommunikationsprofi weiß: Das Gedächtnis der Öffentlichkeit und der Medien gleicht dem eines Alzheimerpatienten. Was heute lauthals bejubelt oder bekrittelt wird, verschwindet morgen ins Niemandsland. Warum sich also die Mühe machen und Krisen mühselig durchschiffen, wenn man doch in der nächsten verschwiegenen Bucht geruhsam vor Anker gehen und dort warten kann, bis das schwere Wetter sich beruhigt hat? Als gestandene Schönwetterkapitäne wissen PR-Frauen und -Männer schließlich, dass sich jede Krise einmal legt. Spätestens mit dem nächsten Erdbeben oder Terroranschlag ist wieder alles vergessen. Und spätestens dann sollte man mit einem freundlichen „Schwamm drüber – zurück zum Tagesgeschäft" gegenüber den Journalisten reinen Tisch machen.

6. PR-Verantwortlicher im Unternehmen oder: Wie mache ich meinen CEO glücklich und behalte meinen Job?

Eines der erstaunlichsten Kennzeichen von Öffentlichkeitsarbeit im Unternehmen ist die schwammige Definition. Was wieder einmal zeigt: PR ist schwer zu fassen. Verglichen mit anderen Führungspositionen – General Counsel oder CFO zum Beispiel, wo die Rollen sehr genau definiert sind – ändert sich die Aufgabe des Kommunikators von Unternehmen zu Unternehmen. In einigen Firmen ist PR für alle Formen der inneren und äußeren Kommunikation verantwortlich. Doch schon eine Hausnummer weiter werden diese Aufgaben unter einer Vielzahl verschiedener „Kommunikatoren" aufgeteilt und entweder von den Investor Relations, vom Personalwesen oder von der Internen Kommunikation wahrgenommen. Zu diesem Mangel an Definition gesellt sich schlimmstenfalls noch die fehlende Abstimmung über die Kommunikationsaufgaben zwischen dem CEO und seinem PR-Manager. Leitende PR-Manager in Unternehmen haben vielfältige Aufgaben und hören auf viel sagende Bezeichnungen wie „Strategischer Berater", „Manager der integrierten Kommunikation" oder „Change Enabler". Ihr wichtigster „Kunde" aber ist in jedem Fall der CEO, und eben das wird zu oft vergessen.

Die CEOs der meisten Unternehmen sind nämlich deutlich direkter und stellen fundamentale und sehr präzise Anforderungen an die Kommunikation und ihr PR-Personal. Sie möchten, dass jemand die Medien „übernimmt" (im Klartext: kontrolliert), sie möchten positive Publicity für sich selbst und ihr Unternehmen; sie möchten mit Hilfe der Medien einen höheren Aktienkurs, und sie möchten einen PR-Manager, der sie unterstützt und berät. Auf einer eher persönlichen Basis sucht der CEO auch Loyalität, Unterstützung bei externen Verpflichtungen und einen Krisenmanager – sollte es denn nötig sein.

> **Merke**
>
> Die Position des PR-Managers im Unternehmen ist oftmals schwer einzuordnen, und der Manager selbst hat oft eine eigene Vorstellung von seiner Position – die nicht immer 100-prozentig konform läuft mit der des CEO.

Das schmutzige kleine Geheimnis der Unternehmens-PR

Die Aufgabe der PR-Direktoren in den 1970er Jahren war es, dem Unternehmenslenker die Wichtigkeit von Presse- und Öffentlichkeitsarbeit klarzumachen. Wollte der Chef von den Medien nichts wissen, musste der „Öffentlichkeitsarbeiter" seinem Brötchengeber die Notwendigkeit zur Kommunikation häufig erst klar machen – und ihn nicht selten sogar dazu zwingen. In vielen Fällen war die angenommene (und manchmal echte) Mundfaulheit des Unternehmenschefs auch eine willkommene Entschuldigung für fehlende oder mangelhafte

PR-Arbeit. Und im nächsten Schritt dann nicht selten die Begründung dafür, den Unternehmenssprecher zu feuern.

Auch wenn sich das Verständnis von PR im Laufe der Jahre gewandelt hat: An der hohen Fluktuationsrate hat sich nichts geändert. Tatsächlich gibt es im Unternehmen wohl keine Funktion, die weniger Job-Sicherheit bietet als die des Unternehmenssprechers. Vermutlich erwägt an einem x-beliebigen Tag mindestens ein Drittel aller Bosse ernsthaft, den „Head of PR" zu feuern, weil er – wahr oder nicht – seine Aufgabe nicht so bewältigt, wie der Chef sich das vorstellt. Diese enorm hohe Ausschussquote ist ein offenes, wenn auch selten offen diskutiertes Geheimnis in der PR-Branche.

PR-Manager selbst führen diesen steten Wechsel gerne auf mangelndes Sachverständnis in den Führungsetagen zurück oder auf einen allgemeinen Mangel an gutem und qualifiziertem PR-Personal. Beide Thesen sind sicherlich bequeme Erklärungen für die hohe Fluktuationsrate von PR-Profis, greifen aber zu kurz. Erstens sind die oben kurz und plakativ geschilderten Ziele des CEOs plausibel und durchaus realistisch, so dass man nicht von mangelndem Sachverstand sprechen kann. Das zweite Argument wird entkräftet, wenn man sich in der PR-Branche ein wenig auskennt und aus dem eigenen Kollegen- und Bekanntenkreis sowie von Personalberatern weiß, wie viel talentierte PR-Manager es wirklich gibt.

Die Frage ist also eher: Wenn es so viele talentierte Öffentlichkeitsarbeiter gibt, was ist dann das Problem? Warum scheitern so viele Talente? Und warum hat der PR-Manager im Unternehmen eine größere Chance, im Lotto zu gewinnen, als in Würde bei seinem Arbeitgeber alt zu werden?

Merke

Die Tatsache, dass Fremdbild (– und Erwartung) und Selbstwahrnehmung selten in Übereinstimmung sind, führt oft zu kurzen Dienstzeiten des PR-Managers.

Zum Scheitern verurteilt

Die Antwort ist so frustrierend wie einfach: Viele PR-Manager liefern schlicht nicht das Produkt, das ihr „Kunde", die Unternehmensleitung, bestellt hatte. Wenn Sie angestellt wurden, um Probleme mit der Wirtschaftspresse in den Griff zu bekommen, sich stattdessen aber auf die Themengebiete „Positionierung" oder „Strategische Übernahme" positionieren – wie lange werden Sie wohl bestehen? Wenn der CEO Sie einstellt, um hauptsächlich Autorenartikel zu platzieren, und Sie einen Redenschreiber einstellen, der direkt mit dem Boss zusammenarbeitet – wie lange werden Sie wohl noch in diesem Unternehmen arbeiten? Wenn Sie überzeugt sind, dass es wirklich wichtiger ist, das Dreitages-Seminar über Issues Management zu besuchen, anstatt bei der Aktionärsversammlung dabei zu sein, dann ist es nicht schwer vorherzusagen, dass Ihre Uhr in diesem Unternehmen bereits rückwärts läuft. Seien Sie sich dessen bewusst, dass Public Relations ein Beruf ist, der extrem von Personen und Persönlichkeiten angetrieben wird. Im Unternehmen gibt es keine andere Position, die die persönliche Nähe zum Unterneh-menschef mehr benötigt, ja erfordert, als die des PR-Verantwortlichen. Leider begehen jedoch viele PR-Manager nach einigen privilegierten Jahren in den bevorzugten Büroetagen den Fehler, sich als unentbehrlichen Teil des Unternehmens zu sehen. Eine folgenschwere Fehleinschätzung. Sein Ende ist nahe, wenn der Pressesprecher vergisst, warum er einmal eingestellt wurde, und wenn er beginnt zu glauben, dass seine eigene Agenda wichtiger ist als die seines Chefs. Einige werden auch tatsächlich größenwahnsinnig und beginnen ganz insgeheim zu glauben, dass sie nach so vielen Jahren an der Seite des Throns durchaus selbst in der Lage wären, den Laden zu schmeißen. Kommunikation wird etwas weniger wichtig. Man beginnt, jüngere PR-Mitarbeiter einzustellen, die dann die Aufgaben erledigen, die man bis vor kurzem noch selbst gemacht hat. Diese Pressesprecher werden dann sehr aktiv, indem sie sich in Netzwerken und Berufsgruppen engagieren, sich selbst in Fachartikeln promoten und das angenehme Leben eines Senior Executive im Unternehmen genießen. Wenn Sie diese Formel befolgen, dürfen Sie sicher sein, dass Sie scheitern – Beispiele dafür können Sie jeden Tag in der Zeitung lesen.

> **Merke**
>
> Vergessen Sie nie, von wem und wofür Sie eingestellt worden sind, und verlieren Sie nicht die Bodenhaftung.

Wenn Sie von Leuten hören, die – wie etwa Personalberater – täglich mit den CEOs der großen Unternehmen sprechen, dann hören Sie interessanterweise, dass die Ansprüche der Firmenlenker an Public Relations global nahezu einheitlich sind und in Frankfurt genauso gelten wie in San Francisco. Erfreulicherweise kann man auch sagen, dass die Relevanz der Public Relations bei den „C-Level" Executives der Unternehmen durchaus nicht mehr gering geschätzt wird. Die Sache hat allerdings einen kleinen Haken. Denn das, was sich die Unternehmenslenker von PR erwarten, ist nicht selten gewaltig.

Was der CEO wirklich will

„Unser Mitbewerber kriegt bessere Presse als wir. Die Medien berichten nicht darüber, was wir für einen fantastischen Job geleistet haben, um unsere Firma wieder profitabel zu machen. Wir brauchen einen Experten für Media-Relations."

Das ist ganz eindeutig Thema Nummer eins und Hauptkummer jedes CEO und Unternehmenslenkers. Warum? Ganz einfach – denken Sie mal an die Macht, die ein CEO besitzt. Er kann Unternehmen kaufen und verkaufen, er kann „downsizen", entlassen und den Hauptsitz verlagern. Nur die Berichterstattung in den Medien kontrollieren – das kann er nicht.

„Ich will einen guten Redenschreiber."

Die meisten Unternehmenslenker denken sehr persönlich. Die Forderung nach einem guten Redenschreiber bedeutet nichts anderes, als dass der CEO mit seinen Reden nicht glücklich ist und dass ihm bislang niemand bei seiner persönlichen Außendarstellung geholfen hat. Reden schreiben ist keine leichte Aufgabe, besonders wenn schreiben ohnehin nicht Ihre stärkste Seite ist. Aber würden Sie als CEO wollen, dass Sie in einer Veranstaltung für Unternehmenslenker oder in einer Mitarbeiterversammlung durch eine mittelmäßige Rede zum Gesprächsthema werden? Wenn das Schreiben von Reden Ihre Hauptaufgabe, nicht aber Ihre Stärke ist, müssen Sie schnell kompetente Unterstützung einstellen, aber gleichzeitig dafür sorgen, dass Sie die Zügel in der Hand behalten.

„Ich suche jemanden mit hohen persönlichen und moralischen Standards."

In diesem Fall sucht der Boss jemanden, der denkt wie er selbst und der in der Lage ist, sowohl ihn selbst als auch das Unternehmen gut nach außen darzustellen. In diesem Fall kommt alles auf Ihren Ruf an. Wenn Sie damit in der Vergangenheit Probleme hatten oder wenn Ihre Integrität nicht ganz einwandfrei ist, wird Sie dieses Thema auch in Ihrer Funktion als Pressesprecher einholen. Trotz Christopher Buckleys Erfolg „Danke, dass Sie hier rauchen" gelten beispielsweise ehemalige Vertreter der Tabakindustrie als problematische Unternehmenssprecher. Grund: Der öffentliche Druck auf die Tabakindustrie ist sehr groß, und die Förderung des Tabakkonsums sowie die damit einhergehenden Gesundheitsrisiken werfen Fragen nach der persönlichen Integrität und moralischen Standards auf.

„Ich suche einen PR-Fachmann, der 100-prozentig loyal zu unserem Unternehmen ist."

Wenn Sie als Pressesprecher in einem Unternehmen erfolgreich bestehen wollen, ist Loyalität eine der Schlüsseleigenschaften, die Sie besitzen sollten. Zwar ist Loyalität für jeden Senior Executive eines Unternehmens wichtig, aber die Bedeutung für den PR-Manager kann nicht überschätzt werden, wenn man sich nochmals die persönliche Ebene des Berufs vor Augen hält.

„Wir wollen einen Team-Player."

Das sagt natürlich jeder – denn jedes Unternehmen sucht Mitarbeiter, die ebenso kooperativ wie kollaborativ sind. Was der CEO aber sucht, ist ein PR-Manager, den Ihre Tochter mit nach Hause bringen könnte, denn es ist Ihre Aufgabe, mit dem Boss gut auszukommen!

„Wir brauchen einen PR-Manager, der den fundamentalen Wandel des Unternehmens kommuniziert."

So spricht ein frustrierter Unternehmenslenker, der Ergebnisse vorweisen muss, aber den Eindruck hat, dass er von seinem PR-Manager wenig bis keine Unterstützung dabei bekommt. Es stellt sich oft heraus, dass CEO und Pressesprecher nicht dasselbe Empfinden dafür haben, wo im Unternehmen wirklich der Schuh drückt. Wenn diese Beschreibung auf Sie zutrifft, sind Sie ein Kandidat, der auf der Abschussliste steht.

„Ergebnisse, Ergebnisse, Ergebnisse!"
Der Boss möchte einen Pressesprecher, dem am Unternehmenserfolg genauso gelegen ist wie ihm selbst und der genauso enthusiastisch über die Zukunft des Unternehmens denkt. Kurz: der einfach mit anpackt, wenn es darum geht, die Zukunft der Firma erfolgreich zu gestalten. Das Erfolgsrezept hier lautet „dabei sein, gesehen werden, hart und erfolgreich arbeiten".

Überrascht? Hätten Sie gedacht, dass Unternehmenslenker so relativ leicht zufrieden zu stellen sind? Hoffentlich nicht! Die oben genannten Forderungen der CEOs bieten keine wirklichen Überraschungen, und das ist das eigentlich Überraschende daran. Wenn Sie diese Liste mit den Themen der üblichen PR-Seminare vergleichen, erkennen Sie sofort, woran es hapert: Das, was die PR-Fachleute unter sich für wichtig halten und deshalb in Fachseminaren behandeln, deckt sich nicht mit dem, was deren Auftraggeber, die CEO's, antreibt. Ein echtes Problem! Die erste Hauptforderung wären ganz solide Media Relations. Und wann haben Sie das letzte Mal ein Seminar für erfahrene Pressesprecher zu so einem so fundamentalen Thema gesehen? Eben!

Erfahrungsgemäß ist es immer leichter, erfolgreich zu sein, als zu scheitern, und niemand wird einfach so mir nichts, dir nichts entlassen, ohne dass man vorher versucht hätte, den Abschusskandidaten in die richtige Richtung zu schubsen. Deshalb ist es interessant zu sehen, wie viele PR-Manager in Unternehmen scheinbar aus heiterem Himmel getroffen sind, wenn sie dann doch entlassen werden. Der Grund dafür ist ein Kommunikationsproblem zwischen CEO und PR-Manager. Gleichzeitig gibt es eine Reihe von deutlichen Merkmalen, die erfolgreiche PR-Manager im Unternehmen besitzen.

Profundes PR-Wissen
Dieser Punkt scheint eigentlich selbstverständlich, aber vergessen Sie nicht, dass es nur die eine Seite der Medaille ist, aktiv zu kommunizieren. Man muss auch in der Lage sein, die an die eigene Person adressierten Botschaften richtig zu interpretieren. Solides PR-Wissen bedeutet, in der Lage zu sein, sich selbst im Unternehmen zu positionieren und zu verkaufen. Sie müssen sich artikulieren können, Ihr Gegenüber muss Ihre Ideen verstehen und intelligent finden und dass alles müssen Sie sowohl schriftlich als auch mündlich beherrschen. Keine ganz leichte Aufgabe!

Analytische Implementierung
Sie müssen in der Lage sein, jede Lage, mit der Sie Senior Executives oder Produktmanager konfrontieren, von einem geschäftlichen als auch von einem kommunikativen Standpunkt analysieren zu können. Identifizieren Sie die Situation, bestimmen Sie die Optionen und mögliche Konsequenzen und geben Sie schließlich Ihre kommunikative Handlungsanweisung.

Ergebnisorientierung

Sie müssen in der Lage sein, Ergebnisse zu schaffen und etwas zu bewegen. Ganz einfach gesagt: Setzen Sie Ziele, stimmen Sie sich mit Ihren Vorgesetzten darüber ab und machen Sie sich daran, sie zu erreichen! Seien Sie dabei realistisch und machen Sie nicht den Fehler, Erwartungen zu wecken, die Sie dann nicht erfüllen können. Typischerweise gehört zu dieser Eigenschaft auch ein hohes Maß an persönlicher Energie und Aktivität. Bedenken Sie, dass Sie immer nur so gut sind wie Ihr letzter PR-Erfolg. Hören Sie nicht auf, Ergebnisse zu produzieren.

Team-Player

Diese Qualifikation wechselt sich zyklisch mit der Forderung etwa nach dominanten Führungspersönlichkeiten ab. Gleichwohl gilt, dass Sie in der Lage sein müssen, zum Team-Erfolg beizutragen. Das trifft insbesondere für Unternehmen zu, die einem schnellen Wandel unterworfen sind und sich häufig anpassen müssen, etwa Unternehmen in Wachstumsmärkten wie IT, Software oder Telekommunikation. Einzelgängertypen werden in einem solchen Umfeld selten erfolgreich sein und haben es bestimmt schwerer, sich Vertrauen und Unterstützung der anderen C-Level Executives zu erarbeiten.

Persönlichkeit

Es gibt wohl nur wenige Jobs, bei denen so viele positive Charaktereigenschaften gefordert sind: Sympathisch sollen PR-Leute sein, selbstsicher, intelligent, energisch und kooperativ. Vertrauenswürdigkeit und die Fähigkeit, Firmengeheimnisse zu bewahren,

gehören ebenso dazu wie die Begabung, Perspektiven zu schaffen, Prioritäten zu setzen und Krisen zu managen. Idealerweise sollte der PR-Manager immer die ruhige Stimme der Vernunft sein und trotzdem energisch die Ausführung vorantreiben. Ein schwieriger Balance-Akt.

Hoch motiviert

Jeden Tag, wenn Sie zur Arbeit gehen, müssen Sie Tatsachen schaffen und Ergebnisse produzieren. Gute PR-Manager tun so, als würde ihr Job daran hängen, was sie an diesem Tag erreichen. Denn er tut es wirklich.

Die Zeichen an der Wand

Üblicherweise ist die Person, die entlassen wird, die letzte, die davon erfährt, und auch diejenige, die niemals das Gefühl hatte, dass ihr Job in Gefahr war. Nachfolgend finden Sie eine Reihe von Indikatoren, die signalisieren, dass etwas schief läuft. Wenn Sie sich darin wiedererkennen, sollten Sie die Flammenschrift an der Wand lesen, bevor es zu spät ist.

Praxisbeispiel: Wie entschlüsseln Sie die Botschaften Ihres CEO und vermeiden es, sich selbst ein Bein zu stellen?
Ihre Berichtsstruktur wird ohne offensichtlichen Grund geändert oder heruntergestuft.

Der Schlüssel für den PR-Manager im Unternehmen ist Zugang zum CEO. Wenn Sie diesen Zugang verlieren, sind Ihre Tage gezählt.

Es gibt ein Exekutiv-Komitee oder einen Management-Circle, der die Firma wesentlich beeinflusst, und Sie sind nicht dabei.

Dieses Szenario sollte Sie nervös machen, da Sie über nahezu alle wichtigen Vorgänge in der Firma informiert sein müssen und entsprechend an solchen Sitzungen teilnehmen sollten. Wenn Sie hier nicht aktiv teilnehmen, bedeutet das auch, dass auf Sie verzichtet werden kann.

Der CEO und/oder andere höherrangige Mitarbeiter äußern sich öffentlich negativ über die Medienberichterstattung des Unternehmens.

Seien Sie auf der Hut, denn von der Position, den Medien die Schuld an der Berichterstattung zu geben, ist es nur ein kleiner Schritt dahin, die Schuld an der Berichterstattung Ihnen zu geben.

Der CEO ermutigt Sie, bessere Mitarbeiter einzustellen.

Das ist eine direkte Warnung an die Leistung Ihres Teams und damit an Sie – ein dringender Grund, zu handeln und die Unterstützung der Unternehmensleitung wiederzugewinnen.

Der CEO sucht sich einen externen Berater für PR-Fragen bei wichtigen Anlässen.

Das würde nicht passieren, wenn der CEO volles Vertrauen in Sie hätte, und ist ein starker Indikator für Zweifel an Ihrer Leistungsfähigkeit.

Ihre Rolle ist nicht die eines „persönlichen Ratgebers", sondern eher die eines Managers von verschiedenen Funktionen.

Wenn Sie wirklich nur ausführendes Organ bzw. verlängerte Werkbank sind und keine persönliche Beziehung mit Ihrem CEO haben, dann sollten Sie sich vermutlich nach einer geeigneten neuen Position umsehen.

Sie verbringen mehr Zeit damit, sich selbst zu promoten und zu positionieren sowie Meetings mit anderen PR-Managern abzuhalten, als sich mit Ihrem CEO zu treffen.

Viele PR-Manager im Unternehmen vergessen, warum sie ursprünglich eingestellt wurden. Wenn Sie sich so exponiert und wichtig fühlen, sind Sie es vermutlich nicht.

Sie stellen keine starken Team-Mitglieder ein und sorgen dafür, dass niemand besser ist als Sie.

Diese Einstellung war einer der Hauptgründe für den radikalen Rückschnitt von PR-Abteilungen in den 90er Jahren. Kein Unternehmen akzeptiert heutzutage noch Mittelmaß und wenn Sie sich mit intellektuellen Leichtgewichten umgeben, fällt das weder positiv auf Sie zurück, noch verlängert es Ihre Zeit bei Ihrem Arbeitgeber. Das Gegenteil ist der Fall. Vermutlich glauben Sie, dass Ihre Funktion und Position institutionalisiert sind und dass Sie Ihren Job behalten, selbst wenn der CEO wechselt. Diejenigen, die sich jedoch am sichersten glauben und darauf vertrauen, dass sie ihre eigenen Regeln setzen, ohne wirklich Macht im Unternehmen zu haben, müssen sich auf böse Überraschungen gefasst machen.

Der Pressesprecher und sein Freund und Helfer

Die Welt der Public Relations ist vielfältig. Es gibt PR in jeder Industrie und Wirtschaft, in jedem Land und (vermutlich) jeder Sprache der Welt. Und natürlich decken Public Relations eine große Spannbreite von unterschiedlichen Disziplinen ab – beginnend mit den allseits beliebten Klassikern Media Relations, Interne Kommunikation, Investor Relations und Public Affairs bis hin zu Community Relations, Customer Communications und jeder anderen Form von Kommunikation, die nur vorstellbar ist. Jenseits aller fachlichen Grenzen gibt es in der PR jedoch eine Trennlinie, die viel schärfer ist und die vom schmalen Graben bis hin zum Canyon reichen kann. Gemeint ist die Unterscheidung zwischen dem PR-Manager in einer Agentur und dem PR-Manager auf Unternehmensseite (inhouse).

Zwei PR-Seiten, die ähnlich und doch fundamental verschieden sind. Der große Unterschied liegt im Hauptziel des jeweils anderen. Das klingt banaler, als es eigentlich ist. Es stellt sich im Alltag, wenn beide Seiten Strategien entwickeln und praktisch miteinander arbeiten, als ständiger Reibungspunkt heraus.

Im Fall des PR-Experten auf Unternehmensseite ist die Top-Priorität der mediale Erfolg des Arbeitgebers. Zumindest sollte sie es sein.
Sobald das eigene Unternehmen in den Medien erfolgreich ist, hat der PR-Manager im Unternehmen seinen Job gut gemacht.

Zwar ist der Medienerfolg des Kunden auch ein Ziel des PR-Managers auf Agenturseite. Allerdings ist es nicht notwendigerweise sein Hauptziel. Das Maß, an dem er in der Regel gemessen wird, ist vielmehr der (ökonomische) Erfolg des eigenen PR-Teams und der der Agentur insgesamt. Was bedeutet: neue Kunden dazu gewinnen, bestehende Kunden halten, Etats ausbauen.

Merke

Hauptziel des PR-Experten auf Unternehmensseite ist der mediale Erfolg seines Arbeitgebers.
Hauptziel des Agenturmitarbeiters ist der ökonomische Erfolg der Agentur, in der er arbeitet.

In- und outhouse: Arbeitsalltag

Der ganz normale Arbeitstag auf beiden Seiten kann sehr ähnlich sein und sich gleichzeitig doch vollkommen unterscheiden. Der Agenturmensch muss Multitasking in Perfektion beherrschen, muss ein Meister des Time-Management sein und sich zwischen völlig verschiedenen Projekten und Kunden aufteilen. Er muss in der Lage sein, die verschiedenen Kunden-Hüte zu tragen und unterschiedliche Rollen zu spielen, welche die Agentur für ihre Kunden in oft divergierenden Märkten annimmt. Die Inhouse-PR-Rolle sieht nicht ganz unähnlich aus, muss sie doch auch unterschiedliche Zielgruppen ansprechen, bedienen und zufrieden stellen. Allerdings sind diese Zielgruppen typischerweise unterschiedliche Abteilungen im selben Unternehmen – und reichen von den Finanzen zu Personalabteilung, Sales, Vertrieb, R&D und natürlich zur Produktentwicklung und zum Engineering.

Ein Großteil der Frustration, die im Lauf der Zeit zwischen Kunde und Agentur entsteht, resultiert aus unterschiedlichen (und missverstandenen) Auffassungen über die Rolle des jeweils anderen. Der PR-Vertreter im Unternehmen ist einer ganzen Reihe von vielfach unsichtbaren Interessen ausgesetzt, die er bedienen muss, und er muss Druck von verschiedenen Seiten aushalten. Das können Produktmanager sein, die mit Material für die PR-Kampagne nicht nachkommen, es können fordernde Vorgesetzte in der „MarCom"-Abteilung sein (Marketing-Communications) oder auch nur Begrenzungen im verfügbaren Budget.

Und es gibt einen weiteren wichtigen Unterschied in den Rollen: Während der PR-Manager auf Agenturseite in einer 24x7-PR-Welt lebt und sich ausschließlich auf dieses Thema fokussiert, können sich die meisten PR-Manager im Unternehmen diesen Luxus nicht leisten. Sie sind üblicherweise Teil einer größeren Abteilung wie Sales oder Marketing. Das sieht man sehr deutlich, wenn man sich die Stellenangebote von Firmen im Internet ansieht: PR-Stellen sind in ca. 90 Prozent aller Fälle unter Marketingstellen (und bisweilen eben auch woanders) gelistet. Der PR-Manager im Unternehmen muss sich entsprechend nach der Decke strecken und kann nicht nur auf PR-Projekten arbeiten, sondern wird auch mal in Projekte von Marketing oder Perso-

nalabteilung etwa für Themen der internen Kommunikation herangezogen.

Glücklicherweise haben sich in den letzten zehn Jahren viele der Grenzen zwischen Inhouse-PR und Agentur als durchlässig erwiesen. Dabei haben sich die häufigen Jobwechsel von PR-Profis als große Unterstützung erwiesen, da inzwischen munter zwischen Agentur und Unternehmen hin und her und wieder zurück gewechselt wird. Diese Job- und Rollenwechsel der PR-Verantwortlichen haben ganz nebenbei dazu geführt, dass beide Seiten die Stärken und Schwächen des jeweils anderen Arbeitsansatzes besser verstehen und besser in ihre tägliche Arbeit einbeziehen.

Merke

PR-Manager in Unternehmen und Agentur sind wie Zwillinge, die direkt nach der Geburt getrennt wurden und nun in verschiedenen Welten leben, wo sie unterschiedliche Erwartungen zu erfüllen haben.

Was ist der Schlüssel zum Erfolg?

Wer sagt, dass er darauf eine Antwort hat, sagt vermutlich nicht die Wahrheit, denn auf diese Frage gibt es keine einfache und richtige Antwort. Aus der Erfahrung heraus gibt es jedoch einige Richtlinien, die die Beziehung sehr erleichtern können.

Respekt

Vielfach liegt die Ursache der Probleme ganz einfach im Mangel an Respekt für den jeweiligen Partner im Unternehmen oder in der Agentur. Manchmal ist dieser Mangel an Respekt einseitig – meist ist er gegenseitig. Vereinfacht gesagt müssen beide Seiten einsehen, dass sie ohne einander nicht oder nicht so gut arbeiten können – vor allem aber müssen beide Seiten verstehen, dass es sich um gemeinsame Kommunikationsziele handelt, die auch gemeinsam erreicht werden müssen. Denn von erfolgreich realisierten Projekten profitieren beide Seiten – jede auf ihre Weise. Kontraproduktiv ist es dagegen, der anderen Seite mit einer Portion Snobismus gegenüberzutreten. Eine Einstellung, die glücklicherweise immer seltener anzutreffen ist, denn nichts schadet der Zusammenarbeit mehr als ein Mangel an Respekt.

Verständnis

Bemühen Sie sich, die Unterschiede der jeweiligen Rollen zu verstehen und bei Bedarf zu erklären. Der Kommunikator im Unternehmen muss eine große Bandbreite von verschiedenen internen Gruppen bedienen und die Unterschiedlichkeit dieser Gruppen kann immer zu Druck und Stress im PR-Programm führen. Vergleichbar dazu hat der PR-Manager in einer Agentur eine Vielzahl von verschiedenen Rollen für verschiedene Kunden und vielleicht sogar verschiedene Industrien auszufüllen. Der Einkäufer der Agenturleistung muss daher verstehen, wie eine Agentur funktioniert, arbeitet und was er im Gegenzug für sein Budget von der PR-Agentur erwarten darf und was nicht.

Trotz steigender Bedeutung der Öffentlichkeitsarbeit ist es unwahrscheinlich, dass der CEO oder Unternehmenschef sich regelmäßig mit der Agentur trifft und seine PR-Wünsche mit ihr bespricht. Planen Sie als Agentur folglich um den CEO herum und bieten Sie Alternativen an, die es dem Kunden ermöglichen, trotzdem erfolgreich in den Medien präsent zu sein!

Als Kunde auf Unternehmensseite müssen Sie wiederum verstehen, dass Sie Ihrer PR-Agentur durch die Höhe ihres monatlichen Budgets einen ungefähren Handlungs- und Aktivitätenrahmen vorgeben. Die Agentur wird nicht nur Sie betreuen und ist (schon aus ökonomischen Gründen) gezwungen, auch andere Kunden zufrieden zu stellen. Die meisten Agenturen sind zu einem gewissen Maß bereit, „Overservice" zu leisten und dadurch Zeit und Arbeitskraft in strategisch wichtige und interessante Kunden zu investieren. Aber erwarten sollten Sie das nicht – oder nur für begrenzte Zeit, denn irgendwann muss jede Agentur entscheiden, ob und wie lange sie investieren will oder eben nicht. Denken Sie auch daran, die Agentur frühzeitig in alle Kommunikationspläne mit einzubeziehen. Eine gute Agentur ist wie ein Rechtsanwalt, der Sie verteidigen soll (wobei die Medien die Richter darstellen): Wenn Sie Ihren Anwalt im Unklaren lassen oder gar in die Irre führen, können Sie fest davon ausgehen, dass der Prozess mit Gefängnis endet – in diesem Fall mit Medienschelte. Dazu kommt Verständnis für die Tatsache, dass die Erstellung von Medienverteilern und Pressemitteilungen Zeit braucht und nicht auf Knopfdruck geschehen kann. Ebenso wichtig sind realistische Erwartungen in Bezug auf die Ergebnisse. Denken Sie nicht, dass Sie mit einer technischen Nischenlösung auf der Titelseite des Spiegel landen – und sorgen Sie mit Ihrem Realitätssinn auch dafür, dass die Agentur nicht in die Versuchung kommt, Ihnen entsprechende Hoffnungen zu machen. Das führt nämlich garantiert zum Zerwürfnis.

Praxistipp

Trainieren Sie Respekt, Verständnis und realistische Erwartungen und behandeln Sie ihr Gegenüber in Agentur oder Unternehmen entsprechend. Sie werden überrascht sein, wie leicht es fällt, gemeinsame Erfolge zu erringen, wenn man auf derselben Ebene spricht.

Selbstversuch

Der einzige Weg, der tatsächlich zum Verstehen der jeweils anderen Seite führt, ist der Selbstversuch. Für die Agentur heißt das, Zeit beim Kunden zu verbringen, und für den Kunden bedeutet das, die Agentur nicht nur zur Präsentation zu besuchen, sondern dort mal am Alltag teilzunehmen. Was in den USA vollkommen üblich ist, steckt in Deutschland noch in den Kinderschuhen: das Konzept, dass die Agentur einen Arbeitsplatz beim Kunden hat, von dem aus an mehreren Tagen je Woche (zwei bis fünf – je nach Budget und Größe des Kunden) Mitglieder des Teams arbeiten. Die Vorteile liegen auf der Hand: mehr Kundennähe, vertieftes Verständnis davon, wie's beim Kunden täglich zugeht, und natürlich der „kurze Dienstweg" zu den Schlüsselpersonen, da der Berater nicht auf Telefonkontakt angewiesen ist, sondern beim Marketingkontakt oder Entwickler einfach für ein schnelles Gespräch vorbeikommen kann. Positiver Nebeneffekt ist, dass die Agentur ganz nebenbei besser wahrgenommen und durch die persönlichen Kontakte schneller integriert wird, was dazu führt, dass sich die Kunden ein Leben ohne diese Agentur kaum noch vorstellen können. Eine Situation, von der letztlich beide Seiten profitieren.

Aber was für die Berater aus der Agentur recht ist, sollte dem PR-Lenker des Unternehmens nur billig sein. Zwar wird es schwierig für ihn sein, mehrere Tage pro Woche seinen Schreibtisch in die Agentur verlegen zu lassen, und die meisten Agenturen fänden das wohl auch nicht unbedingt erstrebenswert. Jede über die normalen wöchentlichen Telefonkonferenzen und das monatliche Treffen hinausgehende Gelegenheit sollte jedoch genutzt werden, tiefer in den Agenturalltag einzudringen.

Zuverlässigkeit

Erfolgreiche Kunden-Agentur-Beziehungen sind immer Partnerschaften. Die Agentur hat grundsätzlich Recht, wenn sie Zeit und Aufmerksamkeit des Senior Managements eines Unternehmens erwartet – zu viel steht mit der Gestaltung der öffentlichen Meinung auf dem Spiel, als dass dieses Thema von Personen betrieben werden sollte, die keine Entscheidungskompetenz haben.

Agenturen haben ebenso Recht, wenn sie den Kunden um die Bereitstellung der Materialien, Informationen und Ressourcen bitten, die zur erfolgreichen Durchführung der PR-Aufgabe geeignet und nötig sind. Aber Partnerschaften sind eben keine Einbahnstraßen: Wenn die Agentur vom Kunden Partnerschaft in diesem Sinne einfordert (und hier müssen viele PR-Manager in den Agenturen lernen, selbstbewusster zu werden und nicht einfach nur „verlängerte Werkbank" und Befehlsempfänger zu sein), dann hat der Kunde eben auch das Recht, ein vergleichbares Zugeständnis von der Agentur und deren Mitarbeitern zu verlangen. Er sollte von seiner Agentur exzellente Arbeit erwarten dürfen, das meint Kreativität und Enthusiasmus für die betreuten Produkte und Services, Verantwortungsbewusstsein sowie fehlerfreie Arbeit – Tag für Tag und in jedem Teil des PR-Programms. Diese berechtigten Erwartungen des Kunden an die Agentur lassen sich in einem Wort zusammen fassen: Zuverlässigkeit.

Todsünde Nr. 6:
„Ich stell' Sie mal durch" – Als Pressesprecher das Sprechen zur Presse anderen überlassen

Sie sind Pressesprecher eines Unternehmens? Herzlichen Glückwunsch, dann haben Sie's geschafft. Keine lästigen Kunden mehr, die rumnörgeln und schnell noch eine Pressemitteilung oder „kreativen Input" wollen. Nun können Sie sich zurücklehnen und andere machen lassen. Ihre wichtigste Aufgabe ist jetzt nur noch der „strategische Wurf" – und den beherrschen Sie ja wohl locker. Keine lästigen Pitches und Journalistenansprachen mehr, und Schluss auch mit den mühevollen Medientelefonaten – all das erledigt jetzt endlich die Agentur für Sie. Ganz nebenbei können Sie jetzt endlich mal den Kunden raushängen und die Agentur so richtig rödeln lassen. Mit diesem Arbeitsansatz machen Sie sich garantiert überall Freunde: bei den Medien, den Agenturen (bei denen sich Ihr Ruf schnell rumsprechen wird) und nicht zuletzt bei Ihrem CEO. Weiter so!

7. PR-Verantwortlicher in einer Agentur oder: Wie mache ich meinen Agenturchef und meine Kunden glücklich und behalte meinen Job?

Sollte man in einer PR-Agentur arbeiten? Diese Frage könnte man auch anders stellen: Sollten talentierte und intelligente junge Menschen, die gerade erfolgreich ein Hochschulstudium (am besten noch mit Auslandssemester) abgeschlossen und daneben Praktika in aller Welt geleistet haben, als Junior Sub-Account Coordinator für ein Gehalt arbeiten, das unter dem Sozialhilfesatz liegt? Sollten also solche hoffnungsvollen Menschen für das erwähnte Gehalt 60 Stunden pro Woche arbeiten und dabei das Privileg genießen, dass sich kaum ein Vorgesetzter wirklich um sie kümmert, geschweige denn den „Volontariatsplan" einhält, der die Fort- und Ausbildung regelt?

Das beschriebene Szenario entspricht der beruflichen Realität vieler PR-Anfänger und jeder, der halbwegs bei Sinnen ist, würde die Frage entsprechend mit „Nein, auf gar keinen Fall" beantworten und schleunigst in die Gegenrichtung rennen. Und doch vergeht kein Tag, an dem sich nicht Dutzende junger Leute für die untersten Positionen der beruflichen Nahrungskette in PR-Agenturen bewerben und sich glücklich schätzen, eine Zusage zu bekommen.

Wenn es aber nicht die attraktiven Gehälter oder die Champagner-Empfänge sind, die Menschen auf die „dunkle Seite der Macht" treiben, was ist es dann? Die merkwürdige Anziehungskraft lässt sich am ehesten mit

der Anziehungskraft der Anzeige vergleichen, die der berühmte britische Antarktisforscher Sir Ernest Shackleton 1912 in einer Londoner Tageszeitung aufgab, als er seine Mannschaft für die Durchquerung der Antarktis suchte:

"Wanted: Men for hazardous journey. Small wages, bitter cold, long months of complete darkness, constant danger, safe return doubtful. Honor and recognition in case of success."

Die Angst des Managers vor der Medienmeute

Es gibt Vorstandsvorsitzende, die mit einem Federstrich Unternehmen zerschlagen und Tausende von Mitarbeitern vor die Tür setzen, denen aber der Angstschweiß ausbricht, wenn sie von einem schlecht gekleideten Journalisten gefragt werden, warum die Unternehmenszahlen in diesem Jahr anders ausfallen als im Jahr davor. Grund für diese Angst ist die viel zitierte Macht der Medien. Jeder Manager hat in solchen Momenten Bilder vor Augen, in denen Journalisten mit kritischen Einwänden das Image seines Unternehmens – schlimmer noch: sein eigenes – in den Schmutz ziehen oder gar dauerhaft beschädigen.

Genau an diesem Punkt setzen Macht und Mythos des PR-Beraters ein. Denn der Einzige, der diese negativen Energien im Zaum halten und in die richtigen Bahnen lenken kann, sind Sie. PR-Leute umgibt eine Aura des Ätherischen, des Gefährlichen, der Undurchschaubarkeit. Auch wenn das, was sie bewirken, oft unsichtbar bleibt (Eisberg-Arbeit), so traut man ihnen doch (fast) alles zu. Vielleicht ist das der Grund, weshalb sich PR-Berater häufig den Vergleich mit Werbern gefallen lassen müssen, die ja lange Jahre als die Meinungsmanipulatoren schlechthin galten. Nichts ist jedoch unzutreffender als das, denn Public Relations hat kaum etwas mit Reklame zu tun. Das Wesen der Werbung ist laut, Werbeleute gefallen sich in der Rolle des Clowns, des unbeherrschten Kreativen, und das Resultat ihrer Arbeit (bunte Anzeigen, TV-Spots) kann man hören und sehen. PR-Berater dagegen gleichen Bewohnern des Dschungels: exotisch, unsichtbar, schwer zu fassen. Man sagt Ihnen Zauberkräfte nach: Ein Anruf von Ihnen, und die (Medien-)Welt hält den Atem an.

Praxisbeispiel: Der Berater auf der Pressekonferenz

Eines der deutlichsten und doch am wenigsten bekannten Beispiele für die (versteckte) Macht des PR-Beraters sind die Fragerunden, die meist im Anschluss an Pressekonferenzen stattfinden. Als Laie könnte man annehmen, dass es die spätestens dann einsetzenden, bohrenden Fragen der Journalisten sind, die für die größten Scherereien sorgen. Das Gegenteil ist jedoch

der Fall. Es nur gibt wenige Momente im Leben eines PR-Beraters, die unangenehmer sind als jenes eisige Schweigen, das sich im Anschluss an so manche PK und die gutgemeinte Aufforderung „Sie können uns jetzt gerne Ihre Fragen stellen" ausbreitet. Der Geschäftsführer/Vorstandsvorsitzende blättert noch einmal betont gedankenverloren durch die Präsentationsunterlagen, die ersten Journalisten kramen hastig Kuli und Notizblock zusammen – und dann setzt strenge Stille ein, in der den Beteiligten oftmals nicht viel mehr übrig bleibt, als sich betreten anzublicken. Um das zu vermeiden, empfiehlt es sich, bereits vor der PK zwei oder drei Maulwürfe (Journalisten, mit denen man besser bekannt ist, notfalls eigene Mitarbeiter) mit jenen Fragen zu präparieren, die für den Question&Answer-Katalog entwickelt wurden. Wenn nötig – das bedeutet, je nach Verfassung des Kunden – sollten diese Fragen anschließend in exakt jenem Wortlaut gestellt werden, in dem man sie gemeinsam entworfen hat. Die positiven Effekte für alle Beteiligten sind offensichtlich: Das Schweigen löst sich in Wohlgefallen auf, der Kunde steht professionell da, und das daraus resultierende gute Gefühl, bestens vorbereitet zu sein, festigt Ihre eigene Stellung erheblich.

PR-Beratung ist Unternehmensberatung

Trotz der vergleichsweise schlechten Bezahlung und der Tatsache, dass man in Agenturen nicht nach Hause geht, bevor der Job erledigt ist (was zu Arbeitszeiten führt, bei denen Sie die 40-Stunden-Woche häufig schon am Mittwoch erreichen), hat die Arbeit in einer

PR-Agentur einen entscheidenden Vorzug. Sie durchleben innerhalb weniger Jahre eine enorme Bandbreite an Erfahrungen, wie Sie sie in keinem Unternehmen als PR-Manager machen würden. Sie sind Berater auf Zeit für Unternehmen aus den verschiedensten Industriezweigen und arbeiten mit den verschiedensten Typen von Kunden zusammen. Genau wie der klassische Unternehmensberater sehen Sie viele Unternehmen von innen … und sind bei vielen froh, dass Sie sie nach dem Meeting wieder verlassen dürfen. Wenn Ihnen ein Kunde aber besonders gut gefällt und Sie gute Arbeit leisten, kann es auch passieren, dass Sie vom Unternehmen abgeworben werden. Keine schlechte Perspektive.

Ein weiterer wichtiger Unterschied zwischen der PR-Arbeit in Agenturen und Unternehmen ist, dass der PR-Berater in der Agentur einer von vielen ist – im Unternehmen ist er *der* Repräsentant für Public Relations. Das bedeutet unter anderem, dass Sie als PR-Berater in einer Agentur immer eine große Anzahl Gleichgesinnter um sich haben. Ihre Kollegen sind ausschließlich Experten in PR – genau wie Sie selbst. Kurzum: Sie haben Verbündete, die mit Ihnen leiden, wenn der Kunde mal wieder glaubt, dass er mit einer Pressemitteilung über Version 4.2.1 seiner Software auch nur einen Abdruck bekommen wird, oder wenn Sie ein Unternehmen bittet, doch eine PR- und Imagekampagne zu entwickeln, die ein Jahr läuft, das bis dahin arg ramponierte Image rasch aufpoliert, Veröffentlichungen in „Spiegel" und „Wirtschaftswoche" einschließt, aber nicht mehr als 5.000 Euro im Monat kostet.

All das haben Sie im Unternehmen schon deshalb nicht, weil Sie Teil eines kleinen Teams von Spezialisten sind (wenn's überhaupt mehrere PR-Manager gibt) und weil Sie im Unternehmen viel mehr Rücksicht auf die Unternehmenspolitik nehmen müssen. Als PR-Manager im Unternehmen sind Sie konfrontiert mit Senior Executives, Produktmanagern oder der Personalabteilung (um nur einige zu nennen). Kein Wunder also, dass PR-Manager in Unternehmen vielfach den Rat externer PR-Berater suchen, um sich aus dem Dschungel unterschiedlichster Anforderungen heraushelfen zu lassen.

So gesehen hat es der PR-Berater aus der Agentur genauso einfach wie alle Unternehmensberater: Er kommt jeweils für ein paar Stunden zu seinem Kunden, berät (gibt im Meeting seine Meinung zum besten) und verlässt das Unternehmen dann wieder, muss die Resultate seiner Arbeit dann also nicht wirklich „ausbaden". Dies ist im Übrigen ein Kommentar, den man häufig von PR-Managern aus Unternehmen über deren Agentur-Counterparts hören kann. Führen die Ratschläge zum gewünschten Erfolg, war es natürlich der Agentur-Berater, der die richtigen Medienverbindungen hatte, die Pressearbeit auf Vordermann gebracht hat und das Unternehmen richtig positionierte. Führt die Agentur-Beratung dagegen nicht zum gewünschten Erfolg, hat das Unternehmen schlicht bei der Umsetzung der Kommunikationsstrategie gepatzt, die Ratschläge nicht „1:1" umgesetzt oder nicht den geforderten inhaltlichen Input geliefert.

PR-Agenturen sind Unternehmen

Agenturen brauchen in erster Linie Mitarbeiter, die wie Unternehmer denken. Egal, ob Sie für eine PR-Agentur arbeiten, für die Pressestelle von IBM oder das Rote Kreuz: Die Erwartung an Sie ist, dass Sie wissen, wie man eine gute Pressemitteilung verfasst und sie platziert. Der Unterschied, wenn Sie in einer Agentur arbeiten, ist, dass man die Pressemitteilung von Ihnen in kürzerer Zeit erwartet. Der Grund dafür ist, dass die Agentur Ihre Zeit gegen ein festes Budget des Kunden rechnet. Wenn Sie für Ihre Pressemitteilung zu lange brauchen, verliert die Agentur Geld – denn keine Agentur kann einem Kunden eine Pressemitteilung für den dreifachen Satz verkaufen und argumentieren, der zuständige PR-Berater hatte heute eben einen schlechten Tag.

Stundenzettel und Zeiterfassung

Fast alle Agenturen nutzen ein Zeiterfassungssystem, in dem jeder Mitarbeiter wöchentlich die auf einem Etat oder für die Agentur geleisteten Stunden eintragen muss, häufig noch unterschieden nach Unterprojekten. Diese Einträge sollen den CFOs oder Buchhaltern der Agentur helfen zu analysieren, wie profitabel die einzelnen Kunden geführt werden, wo (unbezahlter) Overservice geleistet wird und bei welchem Mitarbeiter noch Kapazitäten für weitere Kundenarbeit zu finden sind. Abgesehen davon, dass diese Zeiteinträge von den Mitarbeitern selten korrekt geführt werden (häufig werden eher die „gefühlten Stunden" als die

wirklich gearbeiteten eingetragen), gibt es in diesem System mindestens zwei weitere Probleme. Erstens wird normalerweise jedem Mitarbeiter strikt vorgegeben, wie viele Stunden er für einen bestimmten Kunden arbeiten darf – geht er darüber, wird der Etat unrentabel. Der Versuch, sich an die Vorgabe zu halten, ist nicht selten schwierig, denn es lässt sich beispielsweise am Anfang einer Pressemitteilung kaum erahnen, wie viel Abstimmungsarbeit benötigt wird. Versucht der Mitarbeiter eher schnell zu arbeiten, riskiert er, dass seine Arbeit schlampig wird, er dafür aber im Zeitbudget bleibt, oder sogar darunter. Macht der Agenturmensch seine Arbeit aber genau und gewissenhaft, läuft er Gefahr, über die zugeteilten Stunden hinaus zu arbeiten, was die Finanzplanung schwierig macht.

Bizarrerweise gibt es auch Agenturen, die ihre Mitarbeiter anhalten, keinesfalls mehr als vierzig Stunden in die Zeiterfassung einzutragen, egal, wie viel tatsächlich gearbeitet wurde. Jeder, der einmal in einer Agentur gearbeitet hat, weiß nun aber genau, dass das ziemlich unwahrscheinlich ist, und dass im Agenturleben eher die 60-bis-80-Stunden-Woche gilt als alles andere. Solche Agenturen bzw. die Niederlassungsleiter von Netzwerken halten die Mitarbeiter also zum Lügen an, damit die Stundenzahlen und somit die Profitabilität stimmen, riskieren aber, dass die Mitarbeiter schnell ausgebrannt sind, weil natürlich diejenigen, die die Zahlen analysieren, denken, dass alles in Ordnung ist. Einstellung neuer Mitarbeiter? Umverteilung der Arbeit? Fehlanzeige.

Da viele Agenturchefs zwar sehr kreativ sind, dafür aber keinen MBA in Wirtschaft abgeschlossen haben, sind die internen Finanzen einer Agentur vielfach ein heikles Thema: Entweder steht die Agentur schon mit einem Bein im Schuldenturm, oder die Agenturleitung ist gerissen genug, die eigenen Leistungen so „overpriced" anzubieten, dass sie auf jeden Fall Gewinn macht – auf Kosten der Kunden.

Des Pudels Kern

Neben den vielen Eigenheiten, die das Agenturleben mit sich bringt, erfordert es spezielle Eigenschaften von demjenigen, der erfolgreich im Beruf der Public Relations bestehen möchte. So gelten die nachfolgenden Tipps und Hinweise auf den ersten Blick zwar für Einsteiger in den PR-Beruf, ziehen sich aber wie ein roter Faden durch das gesamte Berufsleben in Agenturen und gelten genauso für Senior-Berater oder Vice-Presidents.

▨ Gespür für Themen und Trends

Die erste Eigenschaft meint vor allem eine gehörige Portion Neugier und das ausgeprägte Bedürfnis, verstehen zu wollen. Denn die Herausforderung besteht vielfach darin, dass die Kunden, die die Agentur bezahlen, schlicht keine genaue Vorstellung davon haben, was für die Medien von Interesse sein könnte und was nicht; welche Themen gerade im Kommen und welche bereits tot gerittene Pferde sind. Der Ansprechpartner des PR-Beraters ist oft ein Produktmanager, der sich zwar exzellent in seinem entsprechenden Produktumfeld auskennt,

nicht immer aber ein Gespür für Trends hat. Konsequenz im schlimmsten Fall: Wichtige Informationen, die als Alleinstellungsmerkmale für die Medienarbeit dienen könnten, gehen verloren, während gebetsmühlenartig die immer gleichen Unternehmens- oder Produktphrasen gepusht werden. Und genau an diesem Punkt zeigt sich, ob ein PR-Berater gut, mittelmäßig oder schlecht ist. Es ist seine Pflicht, zu widersprechen, wenn ihm heiße Luft aus der Marketing- oder Werbeabteilung entgegenweht.

▨ „People's Business"

Die zweite wichtige Eigenschaft, die man als PR-Berater mitbringen sollte, ist Menschenkenntnis oder allgemeiner: die Fähigkeit, mit Menschen umzugehen. Wie wenige andere Berufe ist PR ein „people's business". Sie können ein noch so guter Berater sein und ihr Handwerk verstehen – wenn dem Kunden Ihre Nase oder Ihre Art nicht passt, stehen die Chancen gut, dass Sie nicht lange auf dem Etat arbeiten werden. Das, was einen guten PR-Berater ausmacht, sind eben jene „people skills", die ihm helfen, auch schwierigen Kunden in schwierigen Situationen die richtige Empfehlung zu geben, die ihn erfolgreich in den Medien platziert oder sogar positioniert.

▣ Unternehmerisches Denken

Die dritte Eigenschaft ist ein Sinn fürs Geschäft und für das Unternehmertum. Diese „business skills" sind ein nicht minder wichtiger Baustein, denn Öffentlichkeitsarbeit dient immer nur einem Zweck: ein Unternehmen, ein Produkt oder eine Dienstleistung so darzustellen, dass es neue Kunden gewinnt, mehr Produkte verkauft oder mehr Unterstützung und Wohlwollen der Menschen gewinnt. Die Fähigkeit, einen Geschäftsbericht oder eine Bilanz zu lesen, ist zwar nicht zwingend erforderlich, aber zu wissen, auf welche Zahlen es ankommt, schadet nicht. Noch wichtiger aber ist eine Leidenschaft für Unternehmen aller Art und für das, was sie am Laufen hält.

Read my lips – Was Kunden sagen und was sie meinen

In jeder Kunde-Agentur-Beziehung (und tatsächlich auch in vielen Verhältnissen zwischen CEO und Pressesprecher) kommt irgendwann der Moment, in dem man eigentlich ein Wörterbuch benötigt. Häufig benutzt der Kunde kryptische und scheinbar vielsagende Phrasen, deren eigentliche Bedeutung sich aber erst erschließt, wenn's bereits zu spät ist und der Kunde den Etat gekündigt hat. Hier einige Beispiele für Aussagen, bei denen Sie sofort aufmerken und nachhaken sollten – und einige Interpretationen, die sich in der Vergangenheit für PR-Berater als hilfreich erwiesen haben.

Praxisbeispiel: Bei welchen Botschaften gibt es eine Botschaft „zwischen den Zeilen"– und wie müssen Sie diese interpretieren?

Die Aussage: „Der Vorstand möchte, dass wir mit unserer Pressearbeit aggressiver werden."

Diesen Satz kann man eigentlich nur hassen, weil man ihm hilflos ausgeliefert ist. Sie selbst haben an der ursprünglichen Diskussion mit dem Vorstand nicht teilgenommen, Sie haben keine Ahnung (und man wird Ihnen auch nie die entsprechenden Details geben), woher diese Auffassung kommt und was die Erwartungen sind. In der Regel ist Folgendes passiert: Ein Vorstandsmitglied hat auf dem Weg zu Freunden an einer Raststätte in Gelsenkirchen die „Buersche Zeitung" gelesen. In deren Lokalteil fand sich ein Bericht über die Branche des Vorstandsmitglieds, in dem das eigene Unternehmen nicht erwähnt wurde. Daraus wird gefolgert, dass die PR-Agentur zu passiv bei der Bearbeitung der Medien war. Glücklicherweise kann diese Auffassung schnell und leicht korrigiert werden: Lancieren Sie einen Artikel (der am besten ein Zitat des Vorstandsmitglieds enthält) in der „Buerschen Zeitung", das Vorstandsmitglied ist beruhigt, und vermutlich werden auch alle anderen Vorstandsmitglieder wieder beruhigt sein.

Die Aussage: „Wir sind auf der Suche nach einem PR-Partner, der bereit ist, in uns zu investieren und uns als Etat mit Potenzial behandelt."

Diesen Satz hören Sie vorzugsweise vom CEO oder Bereichsleiter für Marketing eines Start-Up. Frage dazu: Sind Sie eine PR-Agentur oder ein Venture-Capital-Unternehmen? Die Interpretation dieses Satzes hängt natürlich auch davon ab, wie er ausge-

sprochen wird. Eine eher fahrige Aussprache bedeutet, dass der CEO nicht an PR glaubt, dass es in Wahrheit keinen Bereichsleiter für Marketing gibt und dass der Verantwortliche für Vertrieb und Sales um Luftunterstützung durch die PR-Auxiliartruppen gebeten hat. So etwas kann sich als sehr schwierige Situation herausstellen.

Ist der Ton der Unterhaltung eher verschwörerisch, können Sie davon ausgehen, dass das Unternehmen eine recht hohe „cash burnrate" hat. Im Klartext: Dem Unternehmen geht langsam, aber sicher das Geld aus und die Chancen auf Erfolg in der nächsten Finanzierungsrunde dürften höchstens bei 50:50 liegen.

Die Aussage: „Die Jungs von XYZ (setzen Sie hier den Namen einer führenden Analystenfirma ein) lieben uns. Die tun alles für uns."

Das bedeutet für Sie, dass das Unternehmen mehrere Services und Beratungsprojekte der besagten Analystenfirma bestellt – und bezahlt. Das ist eine sehr nützliche Information, denn nun wissen Sie, woher Sie Unterstützung und ein wohlwollendes Zitat für eine verkorkste Marktstrategie oder ein lausiges Produkt bekommen.

Die Aussage: „Sie müssen sich dieses PR-Konzept in etwa so vorstellen wie die ‚Intel Inside'-Kampagne."

OK, hier liegt ein klarer Fall von Realitätsverlust vor. Wer so etwas sagt, legt die Latte wirklich ziemlich hoch und erwartet, dass die PR-Botschaften von der Wirtschaftswoche bis hin zu den letzten Anzeigentafeln

auf Norderney überall zu finden sind. Und in so einem Fall sollten Sie eine clevere Antwort auf Lager haben. Holen Sie tief Luft und bedenken Sie, dass es nicht ganz leicht ist, jemanden von einer solchen Position herunterzuholen. Ein guter Anfang könnte sein, dass Sie ganz beiläufig nachfragen, ob das Unternehmen wirklich vorhat, 200 Million Dollar oder auch ein bisschen mehr in Anzeigen zu investieren, um die Kampagne angemessen zu unterstützen. Als Nächstes könnten Sie versuchen herauszufinden, ob das Unternehmen zufällig einen erstrangigen und von den Medien mit Argusaugen beobachteten Industriezweig dominiert, dessen gesamte Marktgröße mehrere Zillionen Euros übersteigt. Sollte Ihr Gegenüber immer noch auf seinem Vergleich bestehen, wird es Zeit für Sie, über eine Risiko-Nutzen-Analyse dieser potentiellen Geschäftsbeziehung nachzudenken.

Die Aussage: „Wir haben keine Konkurrenz oder Wettbewerber."

Das ist ein weiterer dieser Sätze, bei dem es sehr darauf ankommt, wie er ausgesprochen wird. Klingt er besonders selbstsicher, bedeutet das ganz einfach, dass das Unternehmen seinen Markt so eng definiert hat, dass sich schlicht kein Wettbewerber dafür interessiert. Ihnen allerdings viel Glück bei dem Versuch, die Medien in Sachen CRM-Software für Hundefriseursalons zu begeistern.

Wird der Satz dagegen mit demselben Ausdruck in den Augen ausgesprochen, den auch Bambis Mutter hatte, als sie sich um ihr kleines Reh kümmerte, sollten Sie rennen.

Denn das bedeutet nichts anderes, als dass der Kerl, der Ihnen gegenübersitzt, wirklich glaubt, Industrie und Medien würden sich dem frommen Wunsch seiner Firma schon anschließen. In diesem Fall bleibt Ihnen eigentlich nur noch, sich durch überzogene Preisvorstellungen aus der Affäre zu ziehen. Eleganter ist es allerdings, wenn Sie sich verabschieden, indem Sie „erkennen", dass Ihre Agentur derzeit leider nicht die nötigen Kapazitäten für ein Projekt solcher Tragweite anbieten kann.

Die Aussage: „Unsere Kunden sehen unser Produkt als entscheidenden Wettbewerbsvorteil gegenüber der Konkurrenz und wollen daher nicht mit den Medien darüber sprechen."

Diesen Klassiker sollten Sie sich auf der Zunge zergehen lassen. Ein regionaler Buchhändler im Saarland möchte also nicht den Einsatz des Data-Warehousing-Produkts Ihres Kunden mit der Computerwoche im Interview besprechen, weil er annimmt, dass Amazon das zu seinem Nachteil ausnutzt. Na klar – das leuchtet ein. Stattdessen ist diese Phrase eher der Code für: „Unser Kunde war nach Vertragsabschluss mit unserem Produkt ohnehin nicht zufrieden, und nun kämpft er damit, die letzte Version unserer Software auf seinen Systemen einzurichten. Dass dieser Kunde mit den Medien darüber spricht, ist im Moment so ziemlich das Letzte, was wir wollen."

Die Aussage: „Es ist Zeit, unsere PR auf die nächste Ebene zu heben."

Fangen wir doch mal mit der „nächsten Ebene" an. Wo genau liegt denn diese „nächste Ebene" überhaupt? Nach Studium der Karten und einigen Anrufen beim ADAC – die Mitgliedschaft ist eben doch für was anderes als Abschleppen gut – ist klar: Die „nächste Ebene" ist ein Basislager knapp unterhalb des Zugspitzgipfels. Dort soll von nun an die PR geplant werden? Wohl kaum. Stattdessen will man Ihnen schonend beibringen, dass das PR-Programm bisher leider nicht die gewünschten Ergebnisse gebracht hat. Und wenn sich das nicht in kürzester Zeit ändert, werden Sie sich in der Rolle des Verteidigers bei einer überraschend schnellen Ausschreibung des Etats wiederfinden.

Diese Auflistung könnte natürlich endlos fortgeführt werden. Hier geht es darum, den Blick dafür zu schärfen, dass es tatsächlich Botschaften zwischen den Zeilen gibt, wenn Ihre Kunden mit Ihnen sprechen, und dass Sie stets den PR-Radar einschalten sollten, um diese Botschaften einzufangen und die Konsequenzen auszuwerten.

Todsünde Nr. 7:
„PR-Konzepte sind wichtiger als Zeitungsberichte" –
Als Berater handwerkliche Grundlagen unter- und Kreativität überschätzen

Machen Sie sich keine Gedanken darüber, was Ihr Kunde wirklich braucht – meistens weiß er das ja selbst nicht. Konzentrieren Sie sich stattdessen darauf, ihn mit einem „bunten Strauß" an Ideen und kommunikativen Fünf-Jahres-Strategien zu beeindrucken, die in spätestens sechs Monaten überholt sind. Wenn Sie's erst mal so weit gebracht haben, dass Ihnen der Kunde all das zutraut, was Sie ihm da vorschlagen, brauchen Sie sich um die eigentliche Umsetzung und das Erzielen von Resultaten, von Medienberichten wirklich keinen Gedanken mehr zu machen ... denn dann haben Sie den Kunden ohnehin nicht mehr lange.

8. Quellen und Literaturhinweise

Kalt, Gero; Steinke, Peter (Hrsg.)
Erfolgreiche PR. Ausgewählte Beispiele aus
der Praxis
IMK, Frankfurt am Main 1992

Fast zwei Dutzend ausgewählte PR-Kam-
pagnen werden „seziert" und analysiert.
Der Leser wird an die Hand genommen
und durch ihre Planung, die Hintergründe,
Durchführung und schließlich die Erfolgs-
messung geleitet, so dass er versteht, was
Elemente erfolgreicher PR sind. Ganz klarer
und starker Praxisbezug.

Schneider, Wolf; Raue, Paul-Josef
Das neue Handbuch des Journalismus
Rowohlt, Reinbek bei Hamburg 2003

Gedacht für Berufseinsteiger als Einführung
in den Journalismus, aber ebenso wertvoll
für PR-Profis um zu verstehen, wie Journalisten denken und arbeiten.

Davidow, William H.
Marketing High Technology
Free Press, New York 1986

Als einer *der* Marketingexperten im Silicon
Valley gibt Davidow in seinem Buch einen
offenen und pragmatischen Einblick in die
Herausforderungen und Möglichkeiten von
Marketing und PR für High-Tech-Produkte.

Lindner, Wilfried
Taschenbuch Pressearbeit
Der Umgang mit Journalisten und Redakti-
onen
Sauer, Heidelberg 2001

Ein ganz praktischer Leitfaden für die Medi-
en- und Pressearbeit. Theorie steht im Hin-
tergrund – vermittelt wird, was aus der Sicht
des Journalisten wichtig ist, nämlich weniger
Hochglanz, dafür mehr Daten und Fakten.

Faulstich, Werner
Grundwissen Öffentlichkeitsarbeit
UTB, Stuttgart 2000

Faulstich ist Professor für Medien und Öffentlichkeitsarbeit an der Universität Lüne-
burg und so liest sich auch sein Buch: Eher
trocken und theoretisch – in dem Werk geht
es um die Kernfragen der Öffentlichkeitsarbeit und nicht um praktische Gebrauchsan-
leitungen. Wer sich aber fundiertes Wissen
als Basis für praktisches Handeln aneignen
will, ist mit diesem Buch gut beraten.

Schmidt, Rainer
Immer richtig miteinander reden
Junfermann, Paderborn 2002

Wie wichtig die sozialen Fähigkeiten im PR-
Beruf sind, haben Sie gelesen – bei Rainer
Schmidt bekommen Sie eine Werkzeugkiste
mit Tipps für die Analyse und den Einsatz im
täglichen Leben.

Ries, Al; Trout, Jack
Marketing Warfare
McGraw-Hill, New York 1986

„Marketing ist Krieg", der Kampf um Kunden, die Medien das Schlachtfeld und die PR-/Marketingabteilungen die Feldherrenhügel – wie könnte man es besser auf den Punkt bringen? Hier lesen Sie mehr über die Parallelen von Krieg und Marketing/PR und wie Sie die Erkenntnisse von Carl von Clausewitz für Ihre Kunden und Ihr Unternehmen nutzen.

Cutlip, Scott M.; Center, Allen H.; Broom, Glen M.
Effective Public Relations
9. Auflage, Prentice Hall, New Jersey 2006

Ein umfassender Überblick über Public Relations, ihre Ursprünge, Ethik, Theorie und Ausformungen in Politik, Industrie, Erziehung, Wissenschaft und Non-Profit. Ein Standardwerk über PR in den USA, das kaum einen Aspekt des Berufs unbeachtet lässt und Fallbeispiele und praktische Hinweise ebenso enthält wie Kommunikationsmodelle – erfreulicherweise seit der letzten Auflage ganz auf dem aktuellen technischen Stand.

Weblinks

http://aboutpublicrelations.net/index.htm
Eine gut gemachte Sammlung, die von Basiswissen über Toolkits bis zu Tipps für die Krise alles bietet. Kaum ein Thema, das hier nicht behandelt wird – eine gute Anlaufstelle für „newbies" und Profis.

http://www.geocities.com/WallStreet/8925/
Miyamoto's Public Relations Resource ist eine wirklich hilfreiche Sammlung praktischer Tipps und Gedanken für PR-Profis. Besonders zu empfehlen: „Things I've learned about PR" (zu finden unter „Observations").

http://www.micropersuasion.com/
Eine spannende Seite darüber, wie Blogs und „Citizen Journalism" die PR beeinflussen.

http://www.prpoint.com/articles.html
PR-Artikel und Informationen ohne Ende, dazwischen Interviews und Standpunkte. Eine Sammlung sehr guter Ideen.

http://www.bloglines.com/public/prblogs
PR-Blogs nach Ländern sortiert.

http://home.snafu.de/gb.sl/index00/phrasen.htm
Die Phrasendreschmaschine ist ein unentbehrlicher Helfer für die Erstellung von Pressemitteilungen ... die garantiert keiner liest, die man aber täglich finden kann.

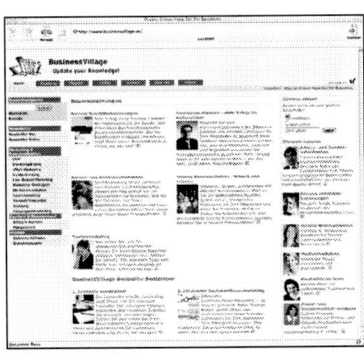

BusinessVillage – Update your Knowledge!

* BusinessVillage Bestseller

Faxen Sie dieses Blatt an:
+49 (5 51) 20 99-105

Oder senden Sie Ihre Bestellung an:
BusinessVillage GmbH
Reinhäuser Landstraße 22, 37083 Göttingen
Tel. +49 (5 51) 20 99-100
info@businessvillage.de

BusinessVillage

Ja, ich bestelle:

☐ Exemplar(e)   ☐ Exemplar(e)

Speak Limbic – Wirkungsvoll präsentieren

Präsentieren bedeutet Ziele erreichen! Einfach den Auftrag bekommen, Forderungen durchsetzen, Wissen vermitteln, andere von eigenen Ideen überzeugen, als Mensch kompetent und sympathisch ankommen. Dieser Leitfaden begleitet Sie wie ein Rhetorik-Coach vom Tag des Präsentations-Auftrags bis zum Applaus der Teilnehmer Schritt für Schritt mit Fragen, Tests, Katalogen für Argumente und Überzeugungsmitteln.

Art.-Nr. 625
21,80 € • 22,50 € [A] • 35,90 CHF

Endlich frustfrei! Chefs erfolgreich führen

Wie kann ich meinen Chef dazu bringen, das zu tun, was ich will? Diese Frage stellen sich viele Mitarbeiter. Eigentlich ganz einfach! Praxisnah erfahren Sie in diesem Buch, wie Sie Ihren Chef auf Ihre Seite ziehen und ihn für Ihre Ideen und Ziele gewinnen. So klappts endlich mit dem Chef!

Art.-Nr. 596
21,80 € • 22,50 € [A] • 35,90 CHF

(Alle Praxisleitfäden der Edition PRAXIS.WISSEN kosten 21,80 € • 22,50 € [A] • 35,90 CHF)

Menge	Art.-Nr.	Titel	Einzelpreis €/CHF
1	669	>> KOSTENLOS – Erfolgsfaktoren	0,00 €

_____
Firma

_____   _____
Vorname   Name

_____   ____ ____ _____
Straße   Land   PLZ   Ort

_____   _____
Telefon   E-Mail

_____
Datum, Unterschrift